Lieferung 20

Preis 1 Mark
Gesamtpreis des Werkes gebunden 25 Mark

DIE ZEICHENKUNST

METHODISCHE DARSTELLUNG DES GESAMTEN ZEICHENWESENS

UNTER MITWIRKUNG
VON
A. ANDĚL, LUDWIG HANS FISCHER, M. FÜRST, O. HUPP, A. KULL, KONRAD LANGE, A. MICHOLITSCH, ADOLF MÖLLER, PAUL NAUMANN, F. REISS, A. v. SAINT-GEORGE, KARL STATSMANN, R. TRUNK, J. VONDERLINN UND HERMANN WIRTH

HERAUSGEGEBEN
VON

KARL KIMMICH

ZWEITE
VERBESSERTE UND VERMEHRTE AUFLAGE

MIT 1157 ABBILDUNGEN IM TEXT
UND 60 TAFELN IN FARBEN- UND LICHTDRUCK

23 LIEFERUNGEN à 1 MARK UND 2 EINBANDDECKEN à 1 MARK
KOMPLETT IN 2 ORIGINALLEINENBÄNDEN 25 MARK

LEIPZIG
G. J. GÖSCHEN'SCHE VERLAGSHANDLUNG

Einzelne Lieferungen werden nicht abgegeben
Die Abnahme von Lieferung 1 verpflichtet zum Bezug des ganzen Werkes

Ohne gleichzeitige Hebung der Schulter ist die Hebung des Arms nur bis zur Wagerechten möglich. Durch die Schulterbewegung kann der Arm bis zur Senkrechten gehoben werden.

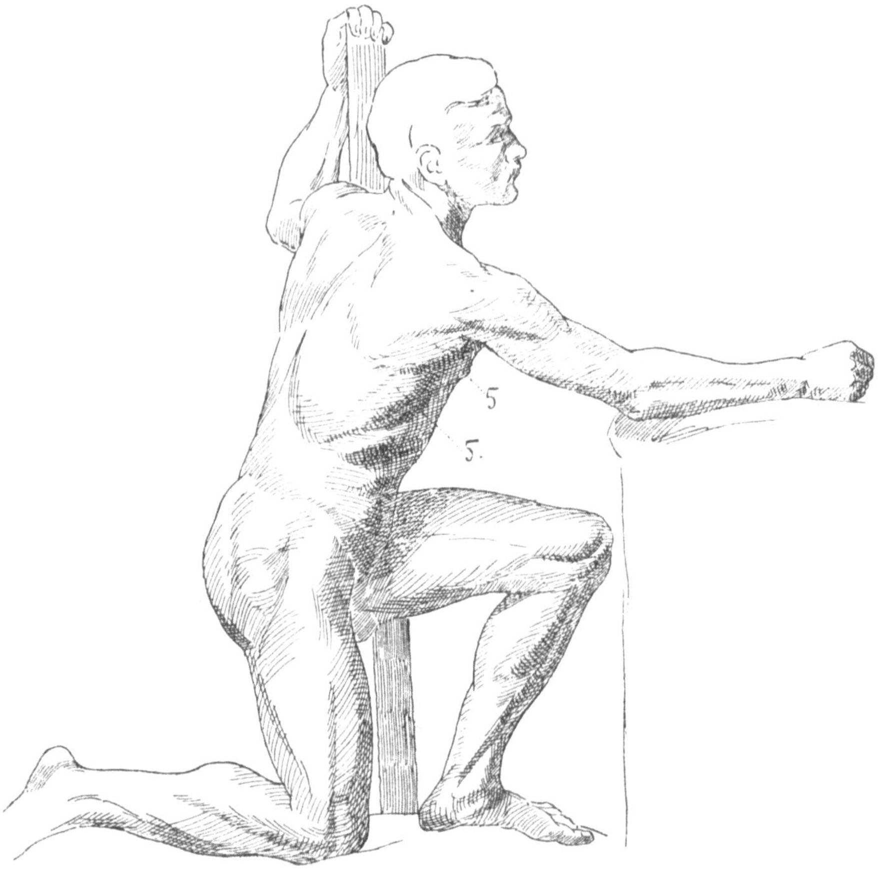

Fig. 1012.

Zur **Hebung des Arms** dient der **Deltamuskel** (8). Er bildet die Fortsetzung des **Kappenmuskels**, entspringt unterhalb des Schulterkamms und der Schlüsselbeine und setzt sich, zu einer Spitze verjüngt (eine entfernte Ähnlichkeit mit einem umgekehrten griechischen Delta Δ bildend), an der Mitte des Oberarms fest (Fig. 1013).

Die oberen Extremitäten (Arme).

Skelett. (Hierzu Fig. 1000.)

Der Arm besteht aus: Oberarm, Unterarm und Hand.

a) Oberarm.

Der Oberarm (O) ist mit seinem oberen kugeligen Gelenk frei an die Gelenkfläche des Schulterblatts geheftet (Kugelgelenk). Seine freie Beweglichkeit wird noch unterstützt durch die lose Anheftung des Schultergürtels an den Rumpf und gestattet:

a) Abziehung und Anziehung an den Rumpf;
b) Pendelbewegung nach vor- und rückwärts,
c) Drehung und Rollbewegung.

Proportion des Armes: Ganzer Arm von Schulterhöhe bis Fingerspitzen = 31 Zoll;

der Oberarm allein	= 14	Zoll;
der Unterarm allein	= $10^1/_2$	„
die Hand allein	= 7	„
	$31^1/_2$	Zoll.

Das Maß des ganzen Armes ist etwas geringer als die Summe der einzelnen Teile (Erklärung dafür s. unten).

Da das Schultergelenk beim gehobenen Arm mitbeteiligt ist und dann höher steht als beim herabhängenden Arm, da außerdem der Oberarmknochen bei Hebung des Arms nicht in der geradlinigen Verlängerung der Schlüsselbeine liegt, sondern mit diesen einen Winkel bildet, so erscheint der gehobene Arm etwas kürzer als der herabhängende (etwa um den sechsten Teil der Handlänge).

b) Unterarm.

Der Unterarm (U) besteht aus zwei Röhrenknochen: der Elle und der Speiche.

Die Elle (g) mit ihrem dickeren Ende oben bildet das Ellenbogengelenk (g′), ihr unteres kugeliges Ende bildet den Handknöchel. Die Speiche (h) mit ihrem dicken Ende unten bildet die Gelenkpfanne des ersten Handgelenks (h′).

Jeder der beiden Knochen ist durch ein besonderes Gelenk mit dem Oberarm verbunden.

Die Elle bewegt sich durch ein Scharniergelenk um den Oberarm und kann nur Beugung und Streckung bewirken. Der obere Fortsatz

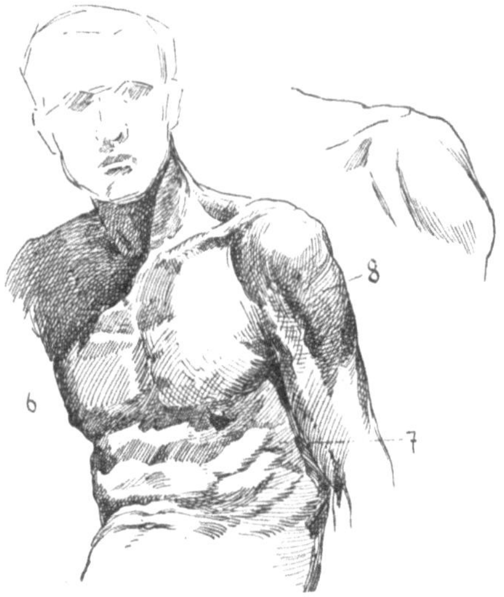

Fig. 1013.

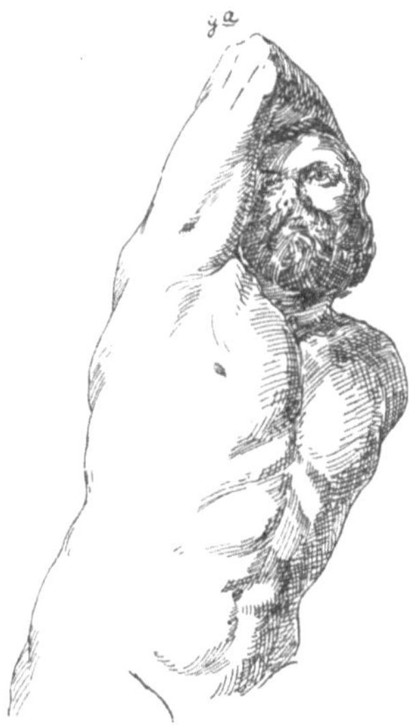

Fig. 1014.

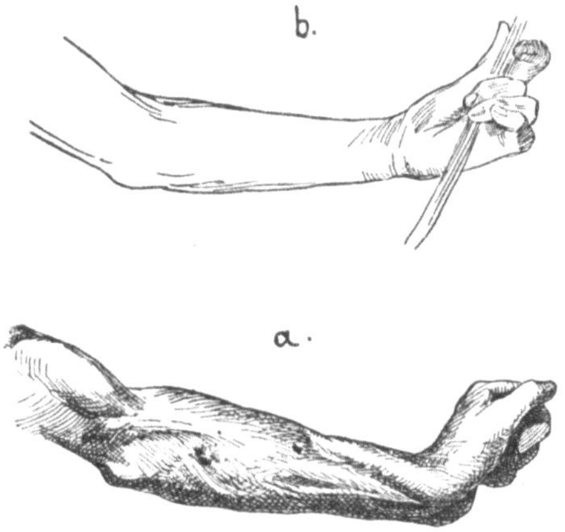

Fig. 1015.

der Elle, der Ellenbogenhöcker (Fig. 1014 g a), reicht bei der Streckung des Arms etwas über den Oberarm hinaus: daher ist die Länge des gestreckten Arms etwas geringer, als die Gesamtlänge der einzelnen Teile.

Die Speiche ist durch ein Kugelgelenk mit dem Oberarm verbunden und kann sich selbständig nach innen (Fig. 1015a) und außen (Fig. 1015b) drehen. Hierbei beschreibt das untere Ende der Speiche um das untere Ende der Elle einen Bogen.

c) Hand.

Die Hand besteht aus drei Hauptteilen:

a) Handwurzel (i),

b) Mittelhand (k),

c) Fingern (l);

jede Abteilung ist aus mehreren Knochen gebildet.

Die Handwurzel besteht aus sieben in zwei Reihen liegenden Knochenstücken. Zwischen dem Unterarm und der ersten Reihe besteht das erste Handgelenk (x). Zwischen der ersten Reihe und der an der Mittelhand unbeweglich befestigten zweiten Knochenreihe besteht das zweite Handgelenk (x').

Das Vorhandensein von zwei Handgelenken ist bei Beugung der Hand nach der Hohlhand zu deutlich sichtbar, es bildet sich keine scharfe Knickung, sondern eine abgerundete Biegung (Fig. 1019).

Die Beweglichkeit im Handgelenk besteht in:

Biegung der Hand zur Hohlhand,
„ „ „ zum Handrücken,
„ „ „ nach der Speichen-(Daumen-)Seite und
„ „ „ nach der Ellen-(Kleinfinger-)Seite.

Von den Mittelhandknochen sind vier unbeweglich an die zweite Reihe der Handwurzelknochen befestigt, nur der Mittelhandknochen des Daumens ist frei beweglich.

Die Finger bestehen aus je drei Gliedern, der Daumen nur aus zwei.

Die Beweglichkeit der einzelnen Finger besteht ihrer Gelenkverbindung nach (Scharniergelenk) nur in Beugung und Streckung und im Grundgelenk zwischen Mittelhand und Finger auch in An- und Abziehen (Spreizen).

Der Daumen kann zur Hohlhand eine Stellung einnehmen, welche zu den übrigen Fingern im geraden Gegensatz steht („Gegenstellung“, Fig. 1020b). Auf dieser Fähigkeit des Daumens beruht unser ganzes Greif- und Tastvermögen. Der Daumen befindet sich stets auf der Speichenseite.

Interessant ist das vergleichende Studium an den Formenbildungen in der Tierwelt.

Die Hand, die sich beim Vogel zum Flügel umwandelt, beim Löwen zur Pranke und beim Seehund zur Flosse, zeigt bei Menschen und Tieren dieselben Formenelemente, nur daß die einzelnen Teile beim Tier ent-

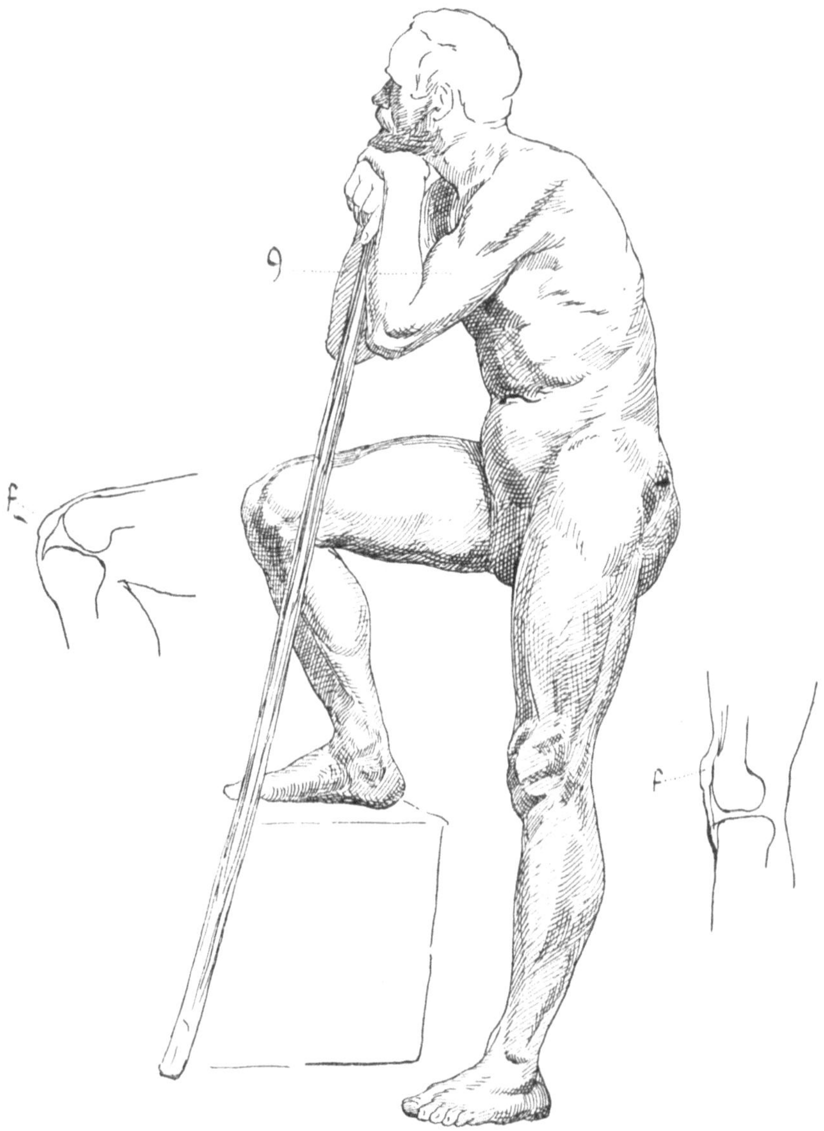

Fig. 1016.

weder mehr verkümmert oder im Greifapparat der Finger (Kralle) besonders stark ausgeprägt sind, je nach deren besonderen Funktion.

Proportion: Die äußere Form der Hände ist bei den verschiedenen Menschen sehr verschieden. Man vergleiche nur die Hand eines Menschen, der schwere körperliche Arbeiten verrichtet (Landmann, Schmied) und die eines ausschließlich geistig Arbeitenden, ferner eine männliche Hand, eine Damenhand und eine Kinderhand. Bei einer wohlproportionierten Hand soll die Breite des Handtellers halb so groß sein als die Handlänge. Der Zeigefinger soll dieselbe Länge haben wie der Ringfinger.

Die Länge des Arms reicht beim Menschen durchschnittlich bis wenig unter die Mitte des Oberschenkels, beim Neger allerdings tiefer, beim Affen bis zum Knie oder gar bis zum Knöchel.

Muskulatur der oberen Extremitäten.

(Hierzu Fig. 1001.)

a) Oberarm.

Entsprechend der einfachen Bewegung des Ellenbogengelenks besteht die übrige Muskulatur des Oberarms (über den zum Oberarm gehörenden Deltamuskel vgl. oben) aus den:

1. Beugemuskeln (an der vorderen Seite des Oberarms),
2. Streckmuskeln (an der hinteren Seite des Oberarms).

Unter den Beugemuskeln ist hauptsächlich zu beachten der zweiköpfige Armmuskel (biceps, 9); derselbe verliert sich in der Ellenbeuge zu einer starken Sehne. Äußerlich ist er sehr sichtbar, namentlich bei guten Turnern sehr ausgebildet. Seine Hauptwirkung besteht in Biegung des Unterarms zum Oberarm (Fig. 1016).

Die Streckmuskulatur (an der hinteren Seite des Oberarms) besteht einzig und allein aus dem dreiköpfigen Armmuskel (triceps, 10). Die Form des triceps und seiner zum Ellenbogen führenden Sehne (10a) sind sehr charakteristisch (Fig. 1017).

b) Unterarm.

Zur Speichendrehung dienen hauptsächlich der runde Einwärtswender (11) und der lange Auswärtswender (12).

Diese bilden zusammen die Vertiefung der Ellenbeuge (Fig. 1015a). Die übrigen Muskeln dienen zur Bewegung der Hand. Ent-

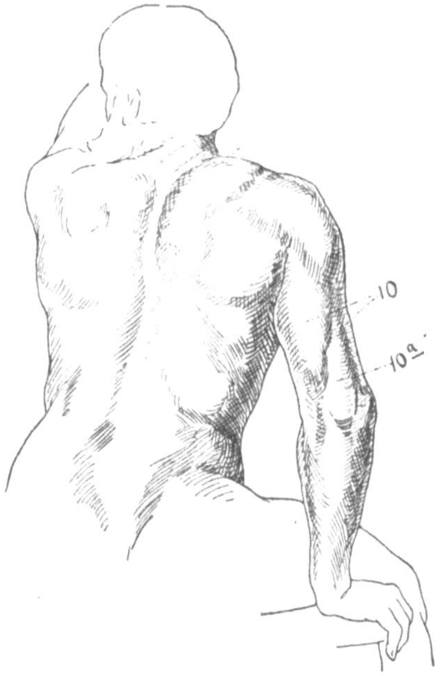

Fig. 1017.

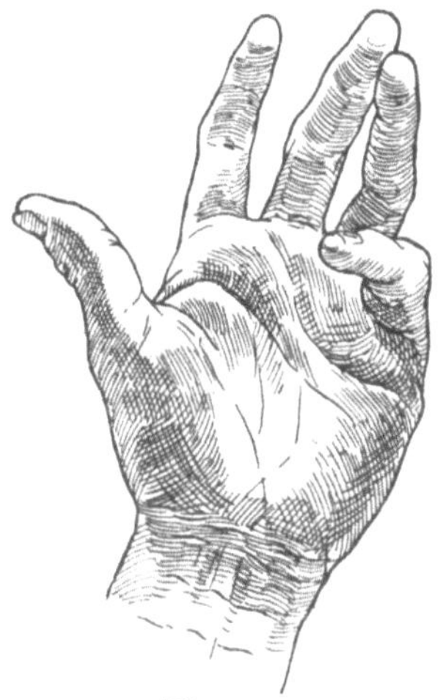

Fig. 1018.

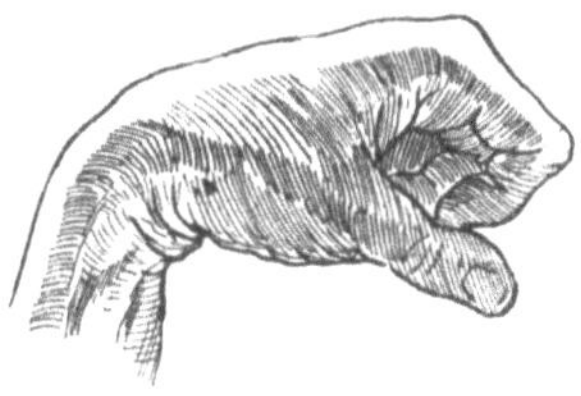

Fig. 1019.

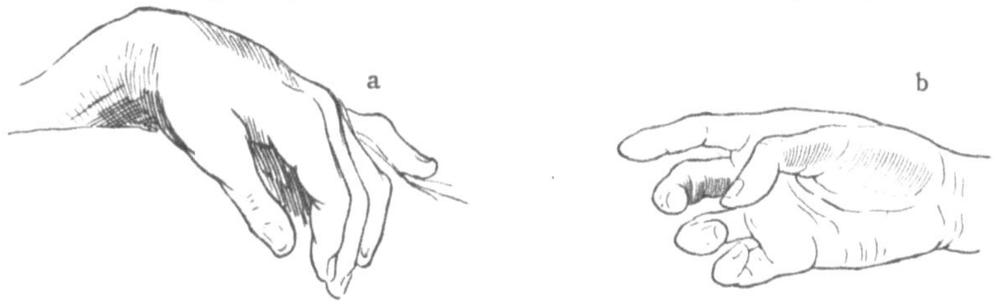

Fig. 1020.

sprechend der vierfachen Beweglichkeit des Handgelenks unterscheidet man:

a) die Hohlhandbieger:
  1. innerer Speichenmuskel (13),
  2. innerer Ellenmuskel (14);

b) die Handrückenbieger:
  3. äußerer Speichenmuskel (16),
  4. äußerer Ellenmuskel (15).

c) Hand.

Die Muskeln der Hand liegen zum größten Teil mit ihrem fleischigen Teil im Unterarm und verlaufen als (äußerlich deutlich sichtbare) Sehnenbänder über das Handskelett zu den Fingern.

Nach ihrer Tätigkeit teilen sie sich in:

1. Beugemuskeln für Finger und Daumen (y),
2. Streckmuskeln für Finger und Daumen (y'),
3. Muskeln der An- und Abziehung (Spreizen) der Finger,
4. Muskeln der An- und Abziehung des Daumens,
5. Muskeln der Gegenstellung des Mittelhandknochens von Daumen und Kleinfinger.

Die Ballen des Daumens und des Kleinfingers sind durch eine mehr oder weniger fettreiche Haut gebildet.

Zwischen ihnen liegt der Handteller. Auf die bei jedem Menschen individuelle Verschiedenheit der Handfurchen begründete früher die Chiromantie ihre Weissagekunst.

In der Regel unterscheidet man drei Hauptfurchen (Fig. 1018): die „Lebenslinie" an der Grenze des Daumenballens, die „Kopflinie", die Knickungsfurche für das Grundgelenk des Zeigefingers bildend, die „Monatslinie", die, vom Kleinfingerballen ausgehend, zwischen Zeigefinger und Mittelfinger verläuft und zugleich die Knickungsfurche der Grundgelenke des dritten bis fünften Fingers bildet.

Außerdem treten (besonders bei Biegung der Hand zur Hohlhand) noch deutlich hervor die Furchen am Handgelenk (Fig. 1019).

Die Beweglichkeit der Finger ist eine verschiedene: so kann der Ringfinger nicht gestreckt werden bei Beugung des Mittelfingers oder Kleinfingers wegen der gemeinschaftlichen Verbindung ihrer Sehnen.

Besondere Streckmuskeln erklären die große Streckbeweglichkeit des Kleinfingers und besonders des Zeigefingers.

Schließlich stehen Handgelenk und Finger im Wechselverkehr miteinander. Bei äußerster Biegung des Handgelenks nach dem Handrücken zu beugen sich die Finger von selbst nach der Hohlhand (Greifbewegung, Fig. 1015a).

Bei äußerster Biegung des Handgelenks nach der Hohlhand zu strecken sich die Finger von selbst (Tastbewegung, Fig. 1020a).

Diese gegenseitige Einschränkung wird bedingt durch die unzureichende Länge der Beuge- und Streckmuskeln, erlangt aber zugleich für den Ausdruck des „Handelns" eine charakteristische mimische Bedeutung.

Eine kraftvolle Beugung der Finger zum Zugreifen ist nur möglich bei gleichzeitiger Beugung des Handgelenks nach dem Handrücken zu; diese Stellung ist charakteristisch für rasches Handeln, Energie (die geballte Faust; vgl. Fig. 1015, 1021, 1024).

Umgekehrt, sollen die Finger mit einigem Nachdruck gestreckt werden, dann muß die Hand nach der Hohlhand zu gebogen sein (die

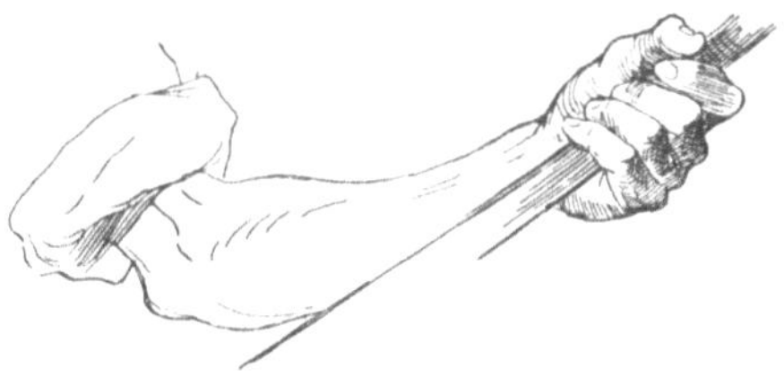

Fig. 1021.

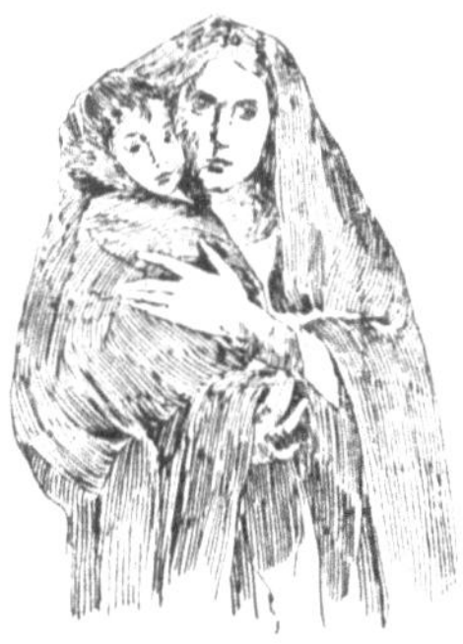

Fig. 1022.

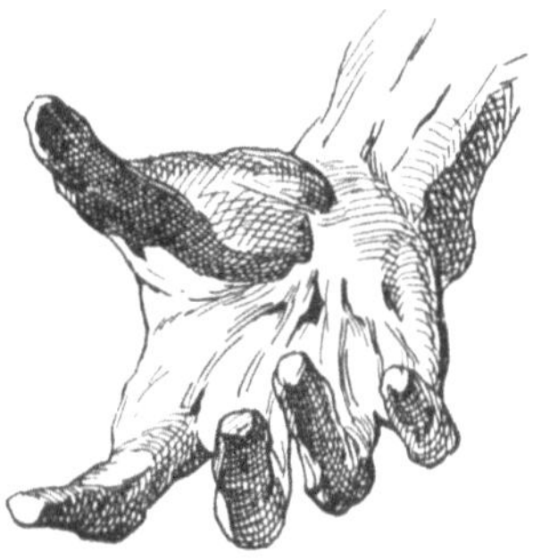

Fig. 1023.

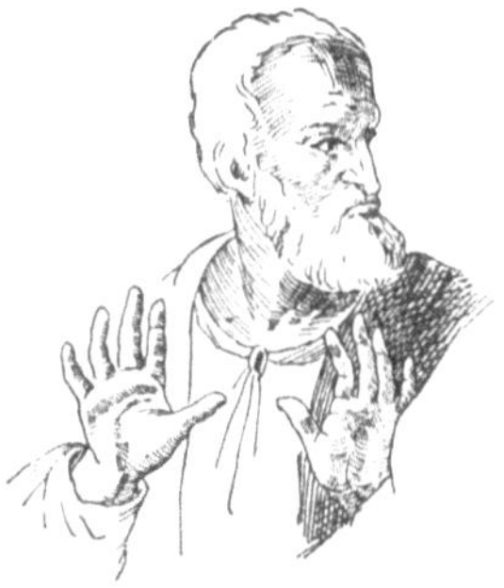

Fig. 1024.

schützende Hand des borghesischen Fechters). Untätigkeit, Schlaffheit, Träumerei usw. lassen die Hand nach der Hohlhand gebogen herabsinken (Fig. 1020a). Bei Liebkosung (Fig. 1022) strecken sich die Finger mit gleichzeitiger Neigung des Handgelenks zur Hohlhand. Schüchterne Zurückweisung legt die Hohlhand vor die Brust.

Man vergleiche die Muskelhand (Fig. 1023), die trotz ihres scheinbar energischen Aussehens für ein kraftvolles Zugreifen ungeeignet erscheinen muß.

Besonders anschauliche Beispiele bietet das Abendmahl von Leonardo da Vinci in den Handbewegungen der Jünger. Bei dem neben Judas sitzenden Jünger (Fig. 1024) deutet der nach außen und rückwärts gewendete Handteller auf das erschreckte und entrüstete Zurückweisen.

Den Handteller zeigen ist immer die Gebärde des Gebens, den Handrücken zeigen die Geste des Nehmens. — Man vergleiche Figur 1025, wo diese Gesten zugleich symbolisch erscheinen im Segnen und Beten.

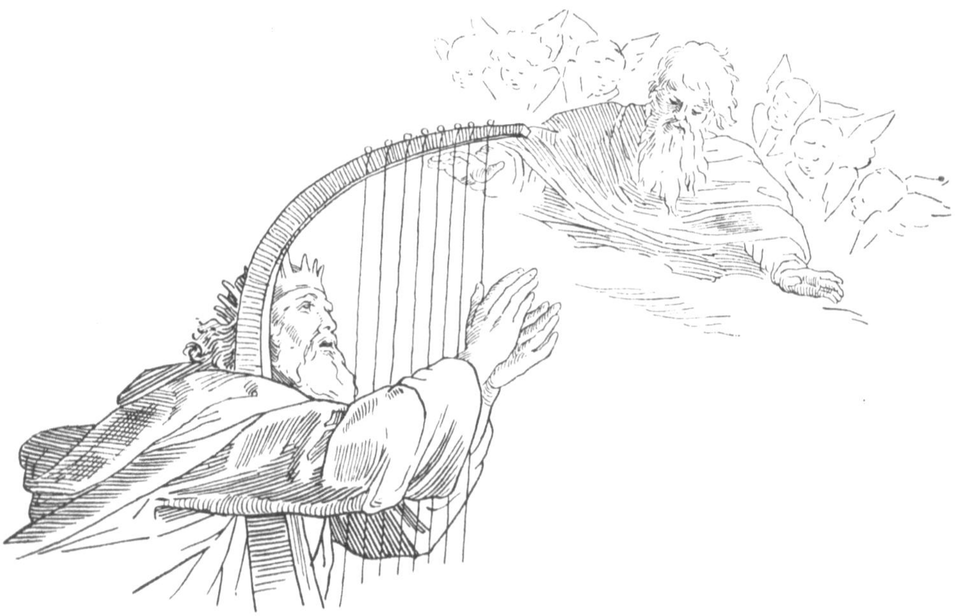

Fig. 1025.

Die unteren Extremitäten (Beine).

(Hierzu Fig. 1026.)

Skelett.

Die unteren Extremitäten entsprechen ihrer Bildung nach den oberen. Das Bein besteht aus:

a) Oberschenkel,
b) Unterschenkel,
c) Fuß.

a) Oberschenkel.

Der Oberschenkel (O) besteht aus einem einzigen Röhrenknochen, dem längsten des ganzen Körpers.

Seine Lage ist schräg von außen nach innen herablaufend. — Der mit dem Becken ein Kugelgelenk bildende Gelenkkopf trägt nach außen eine starke Anschwellung, den großen Rollhügel (a). — Dieser, sowie die am Knie liegende Oberschenkelrolle (äußerer [b] und innerer [c] Knorren) sind durch die Haut deutlich fühlbar. (Vgl. Lichtdrucktafel LIa.)

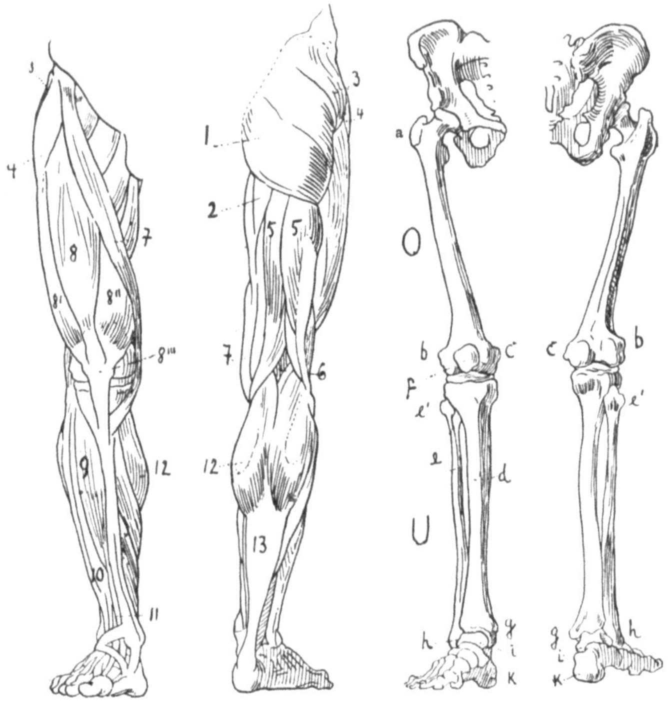

Fig. 1026.

Die Bewegungen des Hüftgelenks (Kugelgelenk) bestehen in:

1. An- und Abziehung (Spreizung),
2. Bewegung nach vor- und rückwärts (Beugung und Streckung),
3. Drehung oder Rollbewegung.

b) Unterschenkel.

Der Unterschenkel (U) besteht aus drei Knochen:

a) dem Schienbein (d) (mit nach vorne gerichteter scharfer Kante),

b) dem Wadenbein (e), auf der äußeren Seite des Unterschenkels liegend (Seite der kleinen Zehe), mit dem oberen Köpfchen (e') (s. Tafel LI),

c) der Kniescheibe (f).

Schienbein und Wadenbein sind nicht wie Elle und Speiche aneinander beweglich, sondern bilden ein festes Zwischenglied zwischen Oberschenkel und Fuß. — Die vorstehenden unteren Enden des Schienbeins (innerer Knöchel [g], höher gelegen) und des Wadenbeins (äußerer Knöchel [h], tiefer gelegen) bilden die Gelenkpfanne zur Anheftung des Fußes.

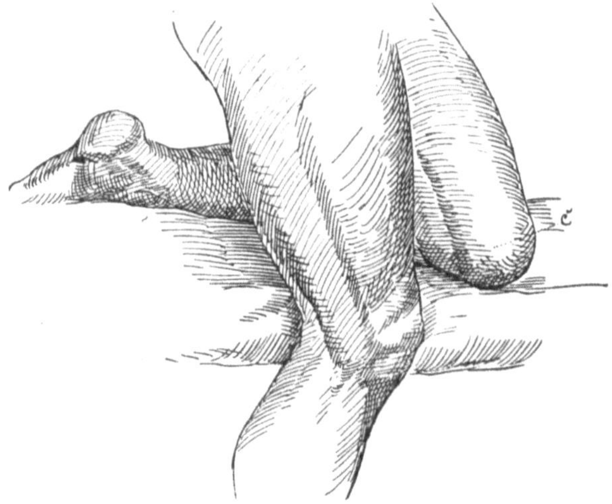

Fig. 1027.

Die Kniescheibe (f) liegt als schützender Knochenteil vor der Gelenkfuge zwischen Schienbein und Oberschenkel. Durch das Kniescheibenband (8''') mit dem Schienbein zu einem Skeletteil verbunden, macht sie, da sie zugleich in der gehöhlten Fläche der Oberschenkelrolle wie ein Rad in den Schienen auf und ab laufen kann, die Bewegung des Schienbeins mit und verändert ihre Lage zum Oberschenkel bei der Beugung.

Durch diese Verschiebung der Kniescheibe wird die veränderte Form des gestreckten Knies bei der Beugung hervorgerufen.

Beim gestreckten Knie (vgl. hierzu Fig. 1016 und 1027) liegt die Kniescheibe als erhöhter Teil oben, bei der Beugung legt sie sich mit ihrer ganzen Fläche an die Rolle des Oberschenkels, der äußere

Knorren der Oberschenkelrolle tritt hervor. — Bei äußerster Beugung (Fig. 1027) tritt auch die innere Rolle als Wulst an die Oberfläche. Äußere Rolle, Kniescheibe und innere Rolle bilden dann eine Ebene.

c) Fuß.

Der Fuß entspricht seiner Einteilung nach vollkommen der Hand und besteht aus:

a) Fußwurzel,
b) Mittelfuß,
c) Zehen.

Die Fußwurzel besteht aus sieben in zwei Reihen stehenden Knochen. Die Zehen bestehen aus drei, die große Zehe aus zwei Gliedern. — Im Gegensatz zur Handwurzel ist die Fußwurzel stark entwickelt. Es sind besonders zwei Knochen: das Sprungbein (i) und das Fersenbein (k), welche die anderen an Größe bedeutend übertreffen. — Sprungbein und Fersenbein liegen aufeinander, das Sprungbein steht mit dem Unterschenkel allein in Verbindung. — Das Fersenbein ist nach hinten zu einem starken Fortsatz, der Ferse, entwickelt.

Das alles bedingt die gewölbeartige Spannung des menschlichen Fußes, der nur an drei Stellen den Boden berührt: mit der Ferse, dem Großzehenballen und dem Ballen der kleinen Zehe.

Bei den Säugetieren ist der Fuß, je nach seiner Funktion, anders geformt: beim Bären (Sohlengänger) liegt die Ferse neben dem Sprungbein, der Fuß zeigt keine Höhlung; beim Raubtier (Zehengänger) ruht der Fuß auf den Zehen (man achte bei dem Löwen, Fig. 1028, auf die Lage der Ferse!); beim Pferd (Spitzengänger) ruht der Fuß nur auf der zum Hufe verwachsenen Spitze der Zehen.

Das Zeichen eines wohlgeformten Fußes ist: feine, hohe Ferse, hoher Fußrücken, schmaler Mittelfuß und starker Bogen der inneren Sohle (vgl. Fig. 1029). — Im Gegensatz dazu ist der Plattfuß in der Sohlenfläche platt, die Ferse platt und niedrig, der Fußrücken nicht gewölbt, der Mittelfuß breit und platt (vgl. Fig. 1030a).

Die große Zehe ist immer die stärkste (Fig. 1030b), wenn auch häufig kürzer als die zweite Zehe (der sog. „klassische Fuß", Fig. 1031). Die zweite Zehe ist am menschlichen Fuß immer länger als die dritte, zum Unterschied vom Affenfuß. — Die große Zehe soll bei einem wohlproportionierten Fuß in der geradlinigen Verlängerung des ersten Mittelfußknochens liegen. Diese Lage hat sie auch in den ersten Lebensjahren. Später, infolge schlecht geformten Fußzeugs, neigt sich die große Zehe mehr nach den übrigen Zehen, und es entsteht ein stumpfwinkeliges Vortreten des Großzehenballens.

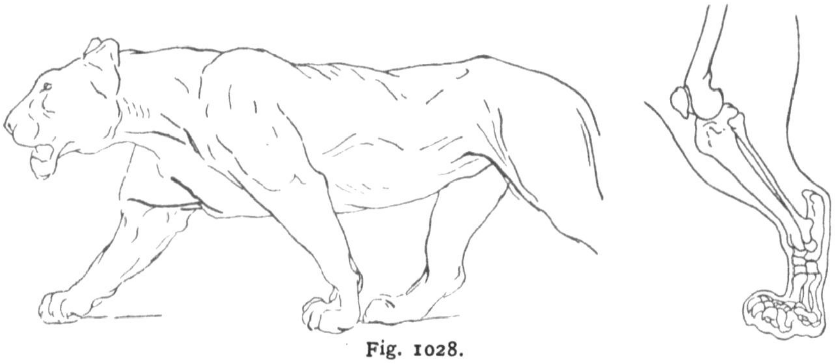

Fig. 1028.

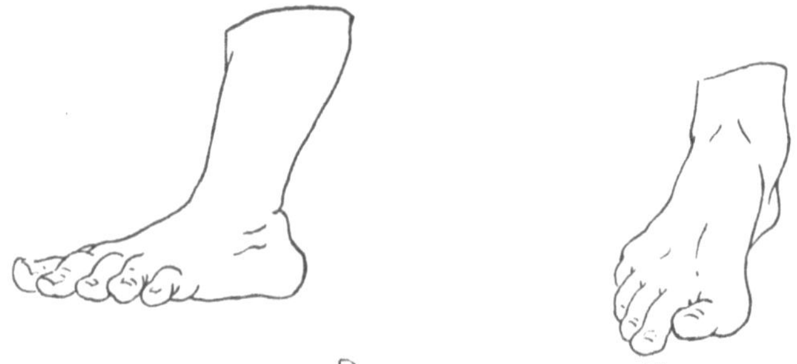

Fig. 1029.

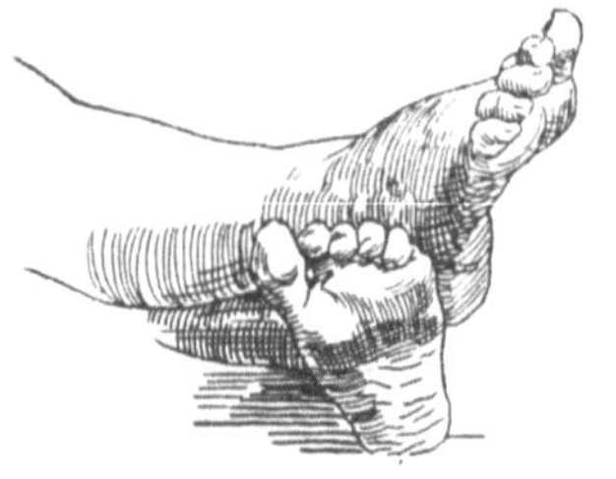

b

Fig. 1030.

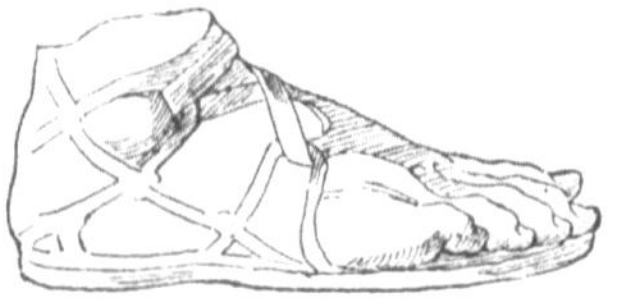

Fig. 1031.

Bewegung: Zwischen Unterschenkel und Sprungbein befindet sich ein Scharniergelenk, das sogenannte „Sprunggelenk". Es ist deshalb nur Beugung (Fußspitzen aufwärts) und Streckung (Fußspitzen abwärts) möglich. — Zwischen dem Sprungbein und dem übrigen Fußskelett (im sog. Fußwurzelgelenk) ist auch eine leichte Drehung nach innen möglich, verbunden mit einer dadurch verursachten Hebung des Sohlenrandes.

Die Mittelfußknochen sind unbeweglich an der Fußwurzel befestigt. In den Gelenken zwischen Zehen und Mittelfußknochen sind wie bei den Fingern Beugung und Streckung, An- und Abziehung möglich. Die Zehen selbst können nur Beugung und Streckung bewirken. Der großen Zehe fehlt die Beweglichkeit des Daumens vollständig zum Unterscheid vom Affen, der deshalb auch Vierhänder genannt wird. — Die große Zehenseite entspricht der Schienbeinseite des Unterschenkels.

Muskulatur der unteren Extremitäten.

(Hierzu Fig. 1026.)

a) Oberschenkel.

Die Muskeln des Oberschenkels wirken teils an der Bewegung der Hüfte, teils am Kniegelenk mit.

Die Muskulatur der Hüfte ist, da das Becken mit dem Rumpfskelett fest verwachsen ist, sehr einfach und besteht in: Muskulatur der Beugung, der Streckung, der An- und Abziehung (Spreizung) und der Ein- und Auswärtsrollung.

Von diesen ist die Streckmuskulatur stark entwickelt und äußerlich sehr sichtbar im großen Gesäßmuskel (1; man vergleiche hierzu und zum folgenden die Lichtdrucktafel LI). — Von den Anziehmuskeln (an der inneren Seite des Oberschenkels) ist der „große Anzieher" der stärkste (2); von den Abziehmuskeln (an der äußeren Seite des Oberschenkels) sind die bedeutendsten: der mittlere Gesäßmuskel (3) und die breite Oberschenkelbinde (4). — Da die Muskeln der Auswärtsrollung (großer Gesäßmuskel) kräftiger entwickelt sind als die Muskeln der Einwärtsrollung, so ist die Vorderfläche des Oberschenkels bei ruhiger Haltung nicht gerade nach vorne, sondern etwas nach außen gewendet.

Die Muskulatur des Knies besteht aus Beugemuskulatur und Streckmuskulatur.

a) Die Beugemuskulatur (an der hinteren Seite des Oberschenkels): 1. Der zweiköpfige Beugemuskel (5) kommt vom Becken herab, bildet unterhalb des großen Gesäßmuskels eine rundliche Muskelmasse und teilt sich am unteren Ende des Oberschenkels in zwei Wulste. Zwischen diesen liegt eine nach oben spitzwinkelig begrenzte Grube, die Kniekehle (6). 2. Der Schneidermuskel (7; vgl. Fig. 1032) ist der längste Muskel des ganzen Körpers, läuft, von der Hüfte herabkommend, spiralförmig um den Oberschenkel und tritt oberhalb des Knies auf die hintere Seite des Oberschenkels. Er beugt in seinem oberen Teil die Hüfte, im unteren das Knie und ist also besonders tätig bei einem Überkreuzen der Beine (einer Stellung, die der Schneider bei der Arbeit einnimmt).

b) Die Streckmuskeln (an der vorderen Seite des Oberschenkels). Als solche sind die drei Schenkelmuskeln (8) die überwiegende Muskelgruppe am Oberschenkel (vgl. Fig. 1032).

Zu beiden Seiten des geraden Schenkelmuskels (8) liegen, deutlich hervortretend, der äußere (8′) und der innere große Schenkelmuskel (8″). Der innere liegt tiefer als der äußere, was für die Gestalt des Knies von Wichtigkeit ist. Beide, der äußere und der innere große Schenkelmuskel, vereinigen sich zu einer breiten Sehne, dem Kniescheibenband (8‴).

b) Unterschenkel und Fuß.

Die Muskeln des Unterschenkels sind an ihrem oberen Teil fleischig und verlaufen nach dem Fuß zu in schlanke Sehnen. Das bedingt die Form des Unterschenkels, die kräftige Entwicklung der Wade und die gleichmäßige Verjüngung nach dem Fuß. — Die vordere Kante und die Innenseite des Schienbeins liegen frei unter der Haut.

Man unterscheidet nach ihrer Lage:

a) vordere }
b) hintere } Unterschenkelmuskeln.

a) Vordere Unterschenkelmuskeln. Die bedeutendsten sind:
1. der vordere Schienbeinmuskel (9) und
2. der lange Zehenstrecker (10).

Letzterer endigt mit einer Sehne, die oberhalb des Sprunggelenks in einem Kreuzband festliegt und sich in vier Sehnen nach den Zehen hin teilt. Der eigene Ausstrecker der großen Zehe (11) läuft sehr sichtbar über den Fußrücken hinweg zur großen Zehe.

b) Die hinteren Unterschenkelmuskeln sind die mächtigsten am Unterschenkel; besonders stark entwickelt ist der zweiköpfige Wadenmuskel (12).

Oben die untere Begrenzung der Kniekehle (6) bildend, reicht er bis zur Hälfte des Unterschenkels (eine kräftige Wade reicht auch tiefer herab) und verläuft nach der Ferse zu in die Achillessehne (13), die breiteste Sehne des ganzen Körpers.

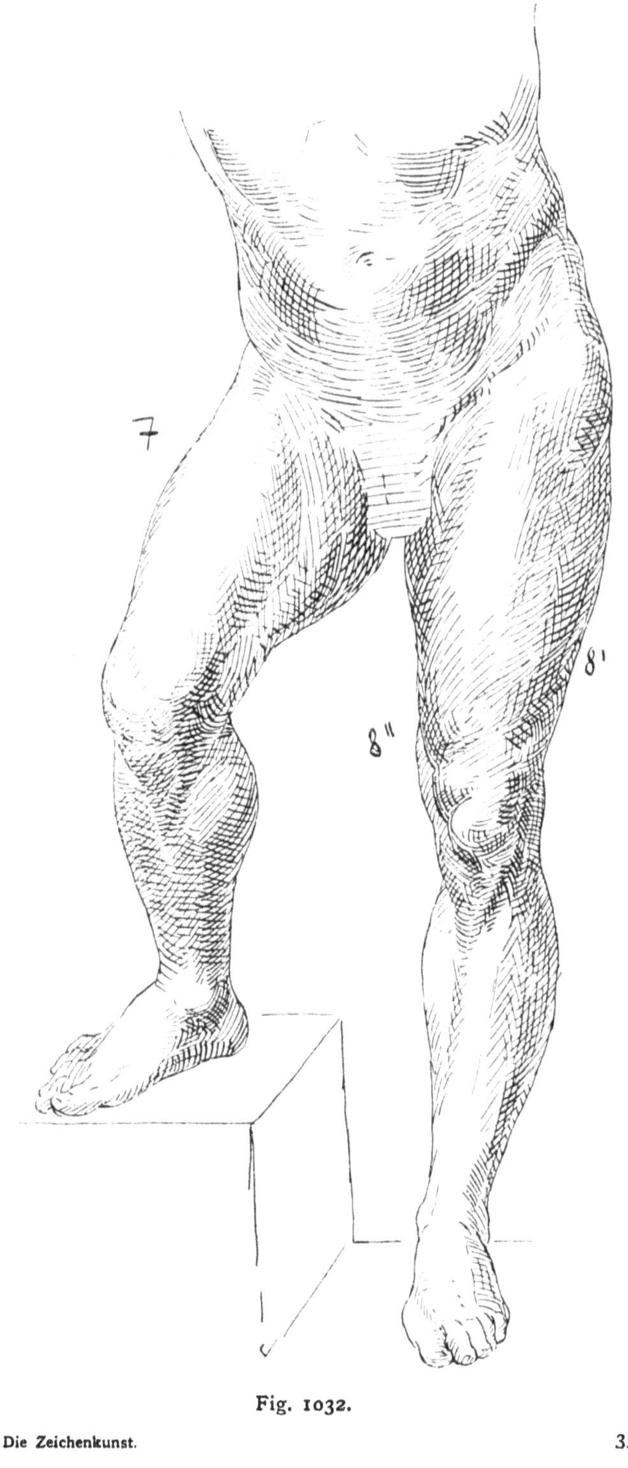

Fig. 1032.

Da die Muskeln des Unterschenkels mit ihren Sehnen hauptsächlich an der Bewegung des Fußes beteiligt sind, so haben die übrigen Muskeln des Fußes für uns keine so große Wichtigkeit. Diese teilen sich in Muskeln des Fußrückens (Streckmuskeln) und Sohlenmuskeln, welche die Aufgabe haben, die Last des Körpers auszugleichen und damit die richtige Wölbung der Fußsohle zu sichern.

Bewegung des Körpers.

Der Schwerpunkt des Körpers ist der Punkt, in dem sich die ganze Schwere desselben zusammendrängt. Jede Körperstellung verändert die Lage des Schwerpunkts. Beim Tragen einer schweren Last auf dem Rücken legt man ihn nach vorne, beim Heben eines schweren Gegenstandes

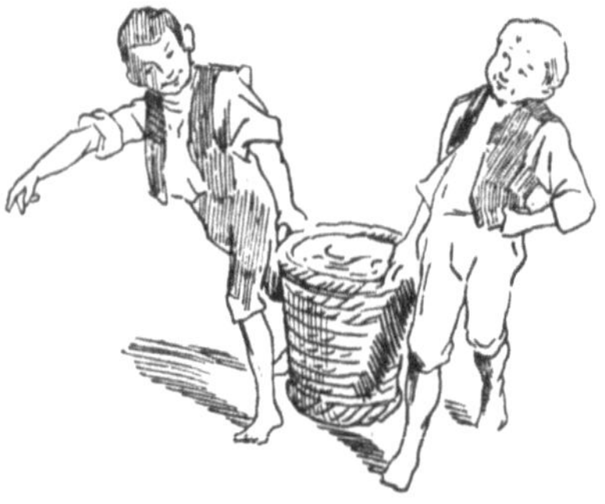

Fig. 1033.

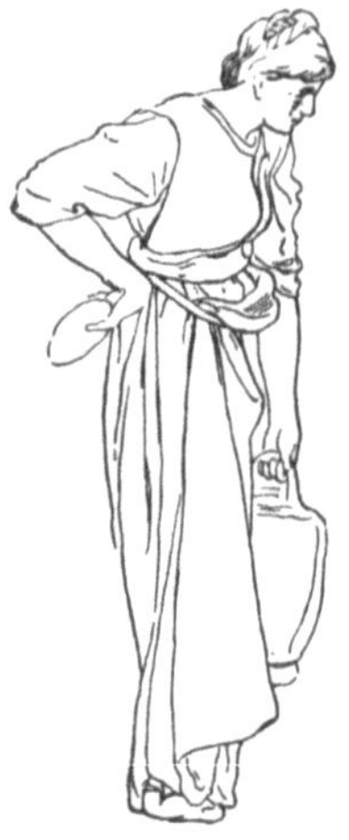

Fig. 1034.

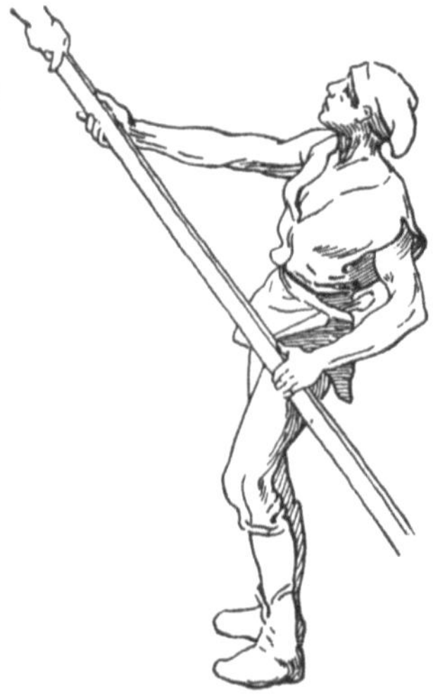

Fig. 1035.

zurück; man biegt den Oberkörper rückwärts oder streckt den freien Arm zur Seite (vgl. Fig. 1033, 1034, 1035).

Jeder Gegenstand muß, wenn er nicht fallen soll, gestützt werden. Beim menschlichen Körper sind die Beine die Stützen des Oberkörpers.

Bei der aufrechten Körperhaltung liegt der Schwerpunkt entweder zwischen den Füßen (Fig. 1036) oder in der Berührungsfläche einer der Fußsohlen.

Das die Last des Oberkörpers dann allein tragende Bein nennt man das Standbein, das ruhende das Spielbein (Fig. 1037).

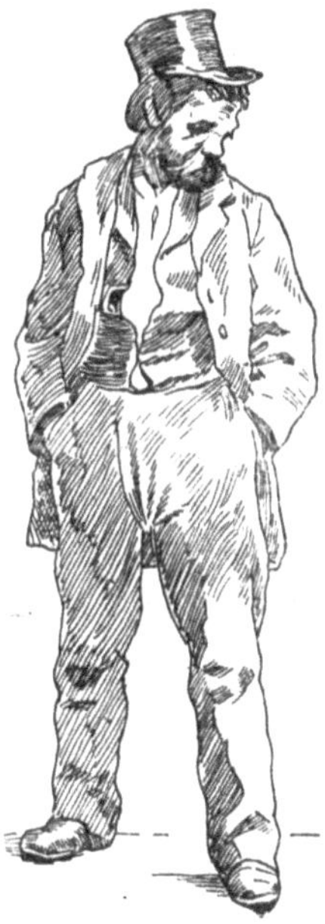

Fig. 1036.

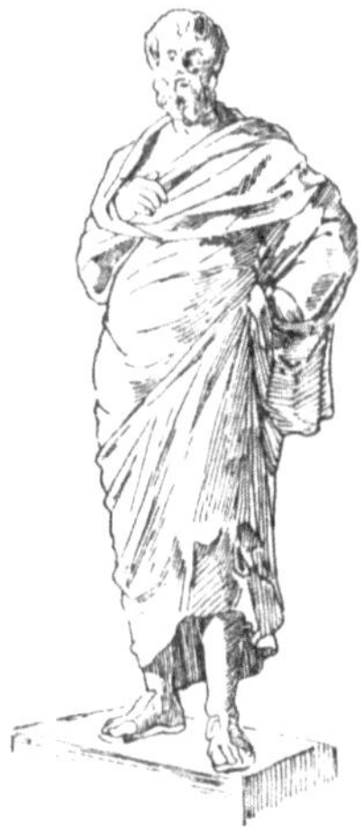

Fig. 1037.

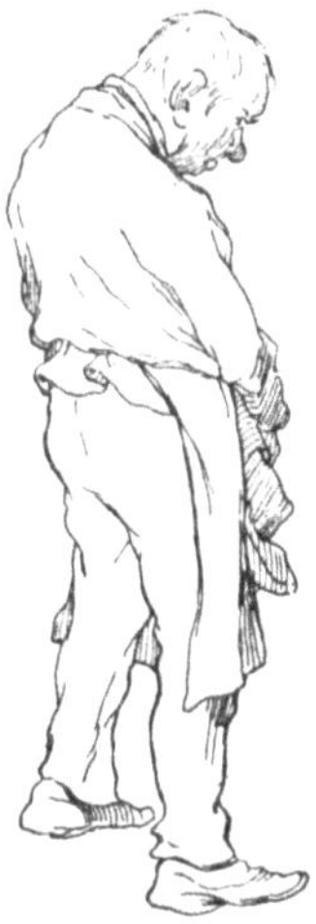

Fig. 1039.

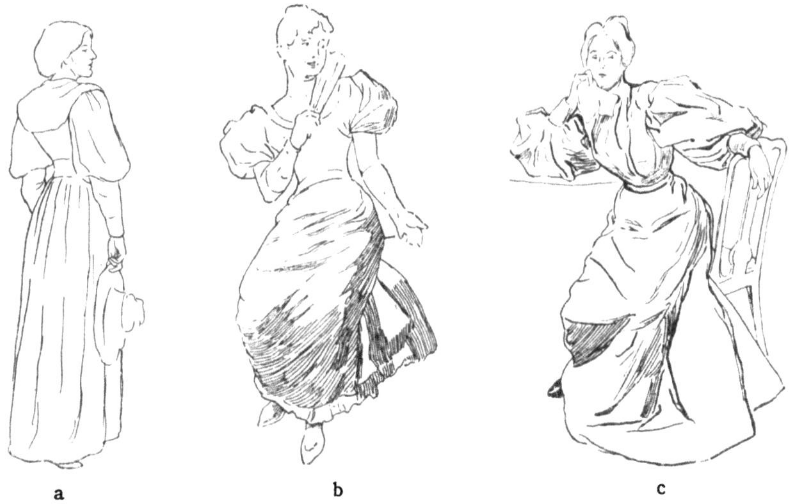

a b c

Fig. 1038.

Wenn die Beine durch Kleidung (Fig. 1038a und 1052) oder sonstwie verdeckt sind, dann läßt sich ihre Stellung, ob Standbein oder Spielbein, daraus erraten: 1. die Schulter auf der Seite des Standbeins liegt etwas tiefer, die Hüfte an der Seite des Standbeins tritt heraus (Fig. 1037 und Tafel LI); 2. wenn der rechte Arm eine Bewegung macht, pflegt das linke Bein das Standbein zu sein (Fig. 1052).

Die aufrechte Körperhaltung bedingt zum Zweck der Fortbewegung (also um den Schwerpunkt des Oberkörpers willkürlich vor- und rückwärts legen zu können) die Krümmung der Wirbelsäule und die schräge Neigung des Beckens.

Beim kleinen Kinde ist die Wirbelsäule, besonders im Bauchteil, noch nicht genügend nach hinten gebogen; der Schwerpunkt des Oberkörpers liegt vorne und zwingt das Kind, auf allen vieren zu kriechen. Erst durch das Hintenüberstrecken des Oberkörpers wird das Gleichgewicht hergestellt.

Bei einer schlaffen Körperhaltung (Fig. 1039) ist das Becken etwas nach hinten geneigt, die Brust eingeknickt, Kopf- und Bauchteil sind vorgestreckt, der Schwerpunkt des Oberkörpers liegt hinten. Durch die geknickten Knie und Fußgelenke muß das Gleichgewicht hergestellt werden.

Umgekehrt werden bei der strammen Körperhaltung (Fig. 1040), wo das Becken stark nach vorne geneigt ist, der Schwerpunkt also nach vorne fällt, Bauchteil und Kopf zurückgehalten. Die Brust tritt dadurch heraus; die Knie werden durchgedrückt.

Das Gehen ist ebenfalls ein beständiges Verändern des Schwerpunkts, ein Vornüberfallen des Oberkörpers, der wie ein balancierender Stab durch die stützenden Beine im Gleichgewicht erhalten bleibt.

Die Neigung des Oberkörpers nach vorne kann nur bis zu einem gewissen Grade ausgeführt werden. Um ihn vor dem Fallen zu schützen, wird ein Bein vorgesetzt. — Dieses, das arbeitende Bein, streckt das Knie, solange seine Fußsohle den Boden berührt. Bei weiterer Neigung des Oberkörpers nach vorne hebt es die Ferse und beugt das Knie (Fig. 1041). Es tritt in den Stand der Ruhe und das andere in Tätigkeit.

Wie beim Gehen einen kurzen Augenblick hindurch beide Beine tätig sind, d. h. den Boden berühren (Fig. 1042, die Bewegung ist nur an dem Vornüberneigen des Oberkörpers sichtbar), so tritt beim Laufen ein Augenblick ein, wo beide Beine ruhen, d. h. wo kein Bein den Boden berührt (Fig. 1045).

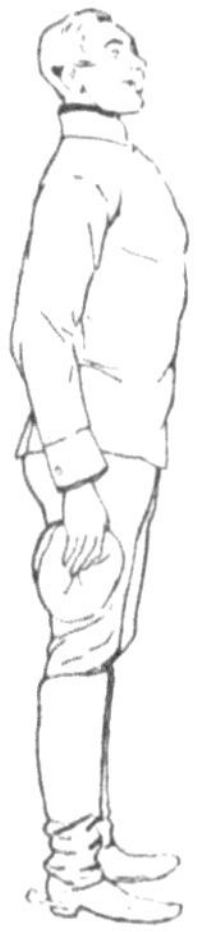

Fig. 1040.

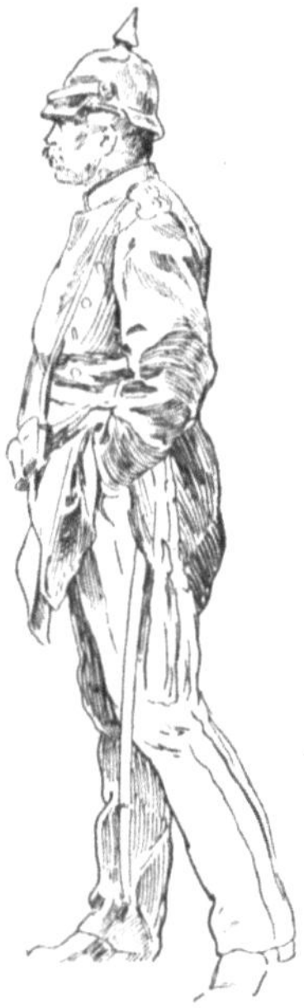

Fig. 1041.

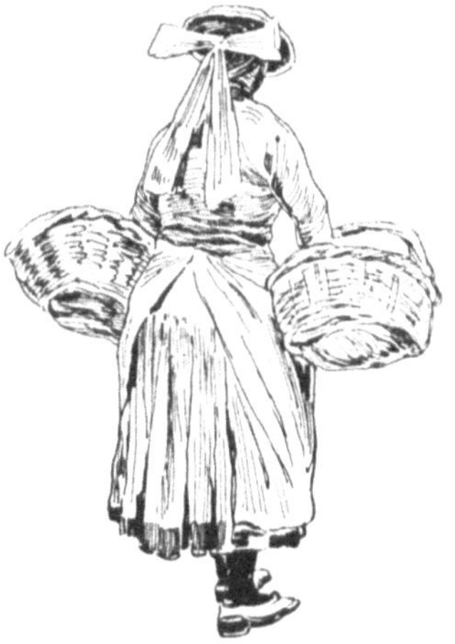

Fig. 1042.

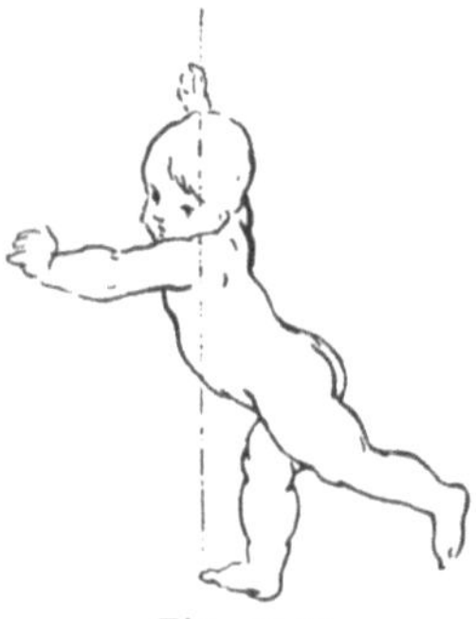

Fig. 1043.

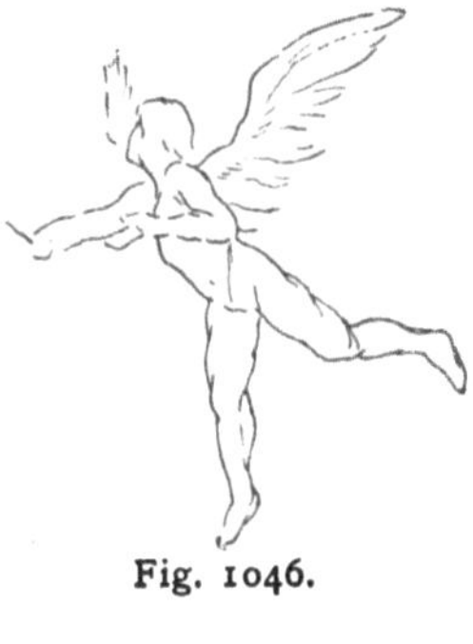

Fig. 1046.

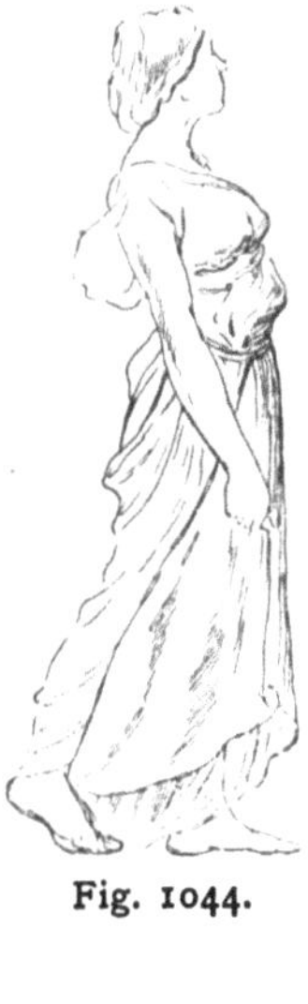

Fig. 1044.

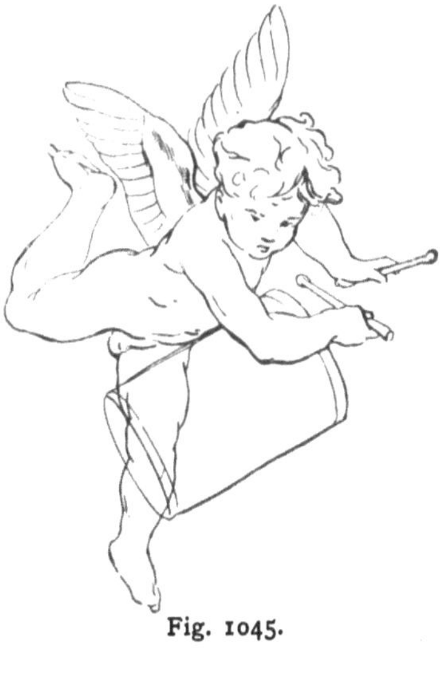

Fig. 1045.

Eine größere Neigung des Oberkörpers nach vorne bedingt sowohl eine schnellere Schrittbewegung, als auch eine größere Schrittlänge (Fig. 1043, man vergleiche einen balancierenden Stab).

Für den Zeichner ist dieses sehr wichtig. Die Neigung des Oberkörpers muß zur darzustellenden. Geschwindigkeit im richtigen Verhältnis stehen.

Im Gegensatz dazu wird beim gravitätischen Schritt der Oberkörper nach oben gestreckt, der Schritt wird kurz und langsam (Fig. 1044).

Zum Schlusse vergleiche man die Figuren 1045 und 1046.

Figur 1045 macht den Eindruck des „Fliegens", hauptsächlich durch den weit vorgeneigten Oberkörper.

Umgekehrt wird bei Figur 1046 der Eindruck des „Schwebens" hervorgerufen, hauptsächlich durch den nach oben gestreckten Oberkörper und das nach hinten weit zurückgeworfene Bein.

Proportionslehre.

(Hierzu Fig. 1047.)

Messungen über die Größenverhältnisse am wohlproportionierten menschlichen Körper hat bereits der griechische Bildhauer Polyklet vorgenommen; dieselben sind aber verloren gegangen.

Mit dem Aufblühen der Plastik in der Renaissance haben Meister wie: Leonardo da Vinci, Michelangelo, Albrecht Dürer nach eigenen Untersuchungen eine Proportionslehre des menschlichen Körpers in Zeichnung und Schrift aufgestellt. Da diese aber zu sehr nach der individuellen Auffassung der betreffenden Künstler gemacht wurde, ist sie bald wieder veraltet.

Erst 1834 hat der Bildhauer Schadow eingehende Messungen vorgenommen, die sowohl der Naturbeobachtung als der künstlerischen (idealen) Auffassung gerecht geworden sind. Darauf weiterbauend hat man versucht, ein bestimmtes System für die Teilung des menschlichen Körpers nach den Regeln des sogenannten „goldenen Schnitts" aufzustellen; doch hat sich das (bei der steten Veränderung der Körperverhältnisse bei der Bewegung) als unpraktisch herausgestellt.

Den neuesten Messungen am lebenden Körper ist für die Größenverhältnisse ein männlicher Körper mittlerer Größe zugrunde gelegt

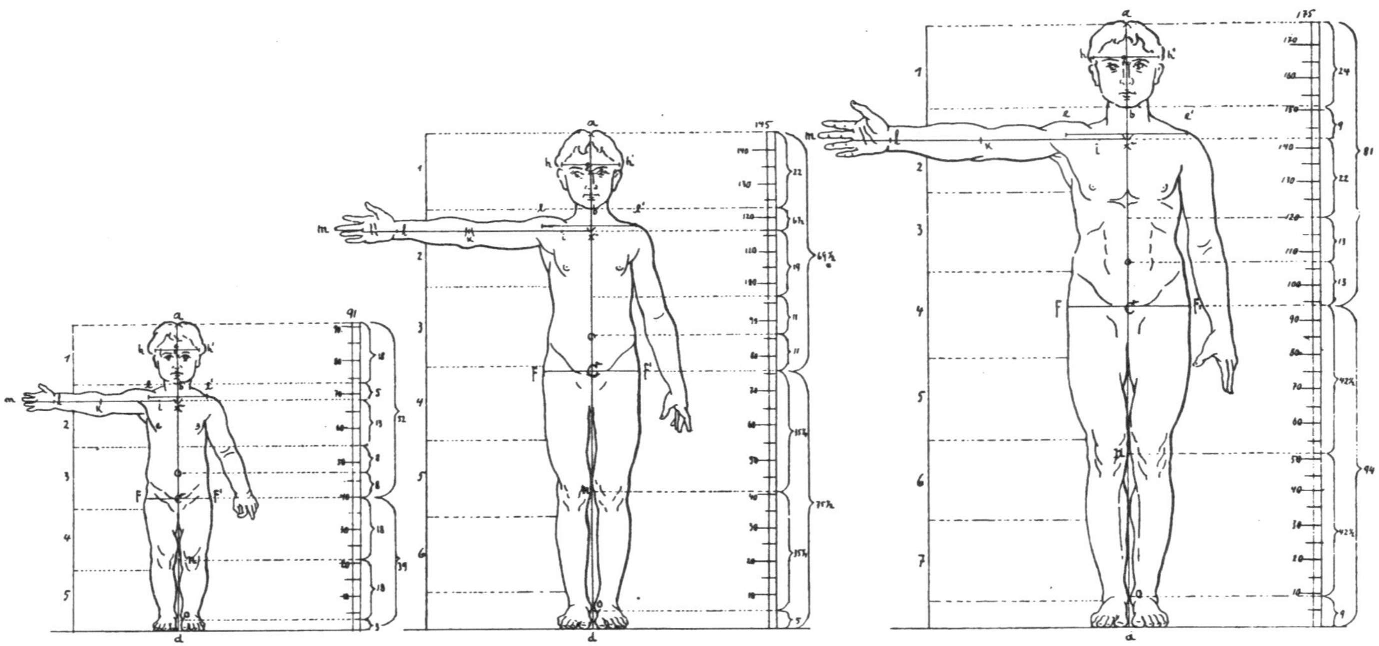

Fig. 1047 (nach Froriep).

worden, dessen Länge bei der Geburt 50 cm und unter den günstigsten Verhältnissen gegen Ende des zweiten Lebensjahres 91 cm, gegen Ende des zehnten Lebensjahres 145 cm und am Ende des Wachstums (im 25. Lebensjahre) 175 cm betragen würde.

1. Körperlänge im Verhältnis zur Kopflänge.

Beim Zweijährigen beträgt die Körperlänge = 5 Kopflängen, beim Siebenjährigen = 6, beim Fünfundzwanzigjährigen = $7^1/_3$.

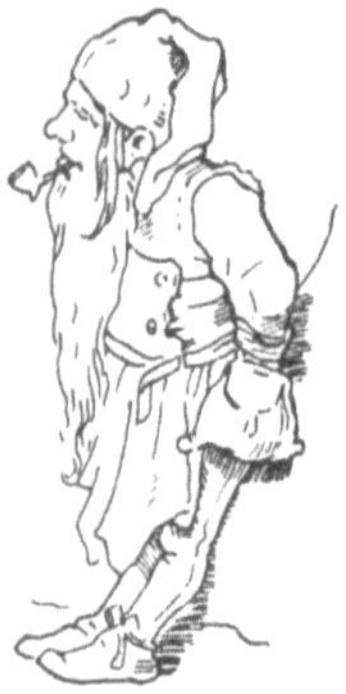

Fig. 1048.

Durch Annahme eines Verhältnisses, wie es der kindliche Körper zeigt, machen die Gnomen- und Zwerggestalten (Fig. 1048) auf uns den Eindruck des Drolligen, Kindlichen. — Ein umgekehrtes Verhältnis: ein kleiner Kopf und im übrigen mächtiger Körperbau ruft den Eindruck des Riesenhaften, Gigantischen hervor.

2. Oberlänge (Scheitel [a—c] bis Schoß):
Unterlänge (Schoß [c—d] bis Sohle).

Beim Neugeborenen beträgt das Verhältnis 30 : 20 cm, beim Siebenjährigen sind beide Teile gleich, bei Erwachsenen findet ein Überwiegen der Unterlänge um 10 bis 13 cm statt.

3. Schulterbreite (e—e'; von der einen knöchernen Schulterhöhe bis zur anderen):
Hüftenbreite (f—f'; Gesamtbreite des Körpers in der Hüfte).

Das Verhältnis stellt sich ungleich beim männlichen und weiblichen Körper. Während beim männlichen das Verhältnis in jedem Lebensalter gleich bleibt, stellt es sich beim 15jährigen Weibe auf 31 : 35 cm, beim erwachsenen Weibe auf 34 : 39 cm.

4. Gesicht: Kopflänge.

a) Gesichtsteil (Kinn [b—g] bis Nasenwurzel):

b) Hirnschädelteil (Nasenwurzel [g—a] bis Scheitelhöhe).

Während das Verhältnis im Kindheitsalter gleich bleibt, also 9 : 9, überwiegt das Verhältnis des Gesichtsteils beim erwachsenen Mann, wird also 13 : 11; beim erwachsenen Weibe bleibt es gleich, also 12 : 12. — Die Nasenwurzel soll die Mitte zwischen Mundspalte und Scheitelhöhe einnehmen.

Das Gesicht kann man in zwei gleiche Abschnitte teilen: erster Teil vom Kinn bis zum unteren Rand der Nase; zweiter Teil die Nase.

Die ganze Kopflänge beträgt beim Manne = $3^1/_2$, beim Weibe = 4 Nasenlängen.

5. Kopfbreite (h—h'): **Schulterbreite** (e—e').

Das Verhältnis stellt sich beim Neugeborenen auf 1 : 1, beim Erwachsenen auf 1 : 2.

Kopfumfang: Brustumfang.

Während das Verhältnis anfangs gleich ist, verändert es sich gegen Ende des Wachstums bedeutend zugunsten des Brustumfangs; beim Zweijährigen beträgt das Verhältnis 50 : 54 cm, beim Erwachsenen 57 : 99 cm.

Ein Verhältnis zum Nachteil des Brustumfangs gibt dem Körper immer ein schwächliches Aussehen.

6. Länge der oberen Gliedmaßen.

Die Spannweite beider Arme ist gleich der ganzen Körperlänge.

Beim wagerecht erhobenen Arm ist vom Brustbein bis zur Spitze des Mittelfingers die Hälfte der ganzen Körperlänge. Handlänge = Länge vom Kinn bis zur Haargrenze.

Die Länge des Arms wird so gemessen: Der Oberarm: vom oberen Ende des Oberarms (i—k) bis zur Ellenbeuge; der Unterarm: von der Ellenbeuge (k—l) bis zum Speichenknöchel; die Hand: vom Speichenknöchel (l—m) bis zur Mittelfingerspitze.

Das Verhältnis von Oberarm : Unterarm : Hand beträgt 9 : 7 : 6. An der Hand bildet das Grundgelenk der Finger die Hälfte; von da bis zur Mittelfingerspitze ist das erste Fingergelenk die Hälfte.

7. Die Länge der unteren Gliedmaßen wird gemessen: Der Oberschenkel: vom Schoß (c—n) bis zur Mitte der Kniescheibe; der Unterschenkel: von der Mitte der Kniescheibe (n—o) bis zum inneren Knöchel; die Fußhöhe: vom inneren Knöchel (o—d) bis zur Sohle. Die Fußlänge ist gleich der Kopflänge und gleich der Unterarmlänge.

Zu Figur 1047.

(Nach Froriep.)

A (2jähriges Kind) Körperlänge = 91 cm		B (10jähriger Knabe) Körperlänge = 145 cm		C (25jähriger Mann) Körperlänge = 175 cm	
a b Kopf	= 18	a b Kopf	= 22	a b Kopf	= 24
a c **Oberlänge**	= **52**	a c **Oberlänge**	= **$69^1/_2$**	a c **Oberlänge**	= **81**
c n Oberschenkel	= 18	c n Oberschenkel	= $35^1/_4$	c n Oberschenkel	= $42^1/_2$
n o Unterschenkel	= 18	n o Unterschenkel	= $35^1/_4$	n o Unterschenkel	= $42^1/_2$
o d Fuß	= 3	o d Fuß	= 5	o d Fuß	= 9
c d **Unterlänge**	= **39**	c d **Unterlänge**	= **$75^1/_2$**	c d **Unterlänge**	= **94**
x i Brustbein-Oberarm	= $5^1/_2$	x i Brustbein-Oberarm	= $8^1/_2$	x i Brustbein-Oberarm	= $10^1/_2$
i k Oberarm	= $16^1/_2$	i k Oberarm	= $26^1/_2$	i k Oberarm	= $31^1/_2$
k l Unterarm	= $12^3/_4$	k l Unterarm	= $20^1/_4$	k l Unterarm	= $24^1/_2$
l m Hand	= $10^3/_4$	l m Hand	= $17^1/_4$	l m Hand	= 21
$^1/_2$ **Körperlänge**	= **$45^1/_2$**	$^1/_2$ **Körperlänge**	= **$72^1/_2$**	$^1/_2$ **Körperlänge**	= **$87^1/_2$**
h h′ Kopfbreite	= $13^1/_2$	h h′ Kopfbreite	= 16	h h′ Kopfbreite	= $17^1/_2$
e e′ Schulterbreite	= 18	e e′ Schulterbreite	= 28	e e′ Schulterbreite	= 35
f f′ Hüftenbreite	= 18	f f′ Hüftenbreite	= 28	f f′ Hüftenbreite	= 35
b g Kinn-Nasenw.	= 9	b g Kinn-Nasenw.	= 11	b g Kinn-Nasenw.	= 13
g a Nasenwurzel-Scheitel	= 9	g a Nasenwurzel-Scheitel	= 11	g a Nasenwurzel-Scheitel	= 11
Kopfumfang	= 50	Kopfumfang	= 53	Kopfumfang	= 57
Brustumfang	= 54	Brustumfang	= 72	Brustumfang	= 99
Körperlänge	= 5 Kopfl.	Körperlänge	= $6^1/_2$ Kopfl.	Körperlänge	= $7^1/_3$ Kopfl.

Die bekleidete Figur.

Durch die Kleidung werden die Hauptabschnitte des menschlichen Körpers (Oberkörper, Unterkörper) markiert. — Da die einzelnen Körperteile ihre Lage bei der Bewegung mehr oder weniger an der Oberfläche hervortreten lassen, so ist schon aus dem Grunde die Aneignung der notwendigsten anatomischen Kenntnisse erforderlich.

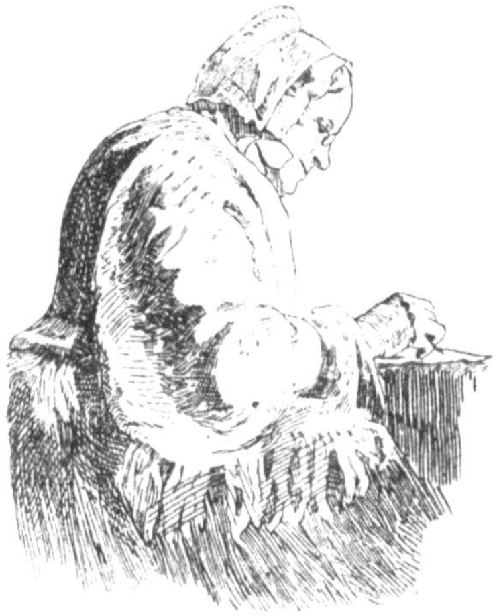

Fig. 1049.

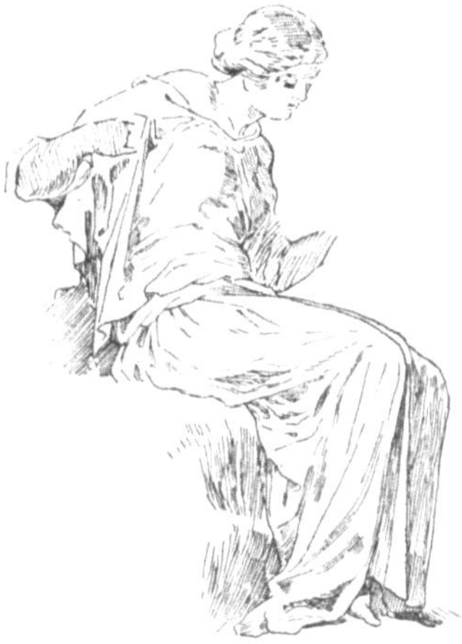

Fig. 1050.

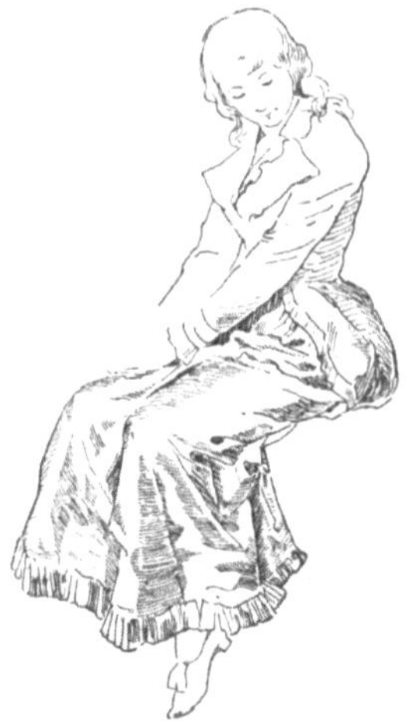

Fig. 1051.

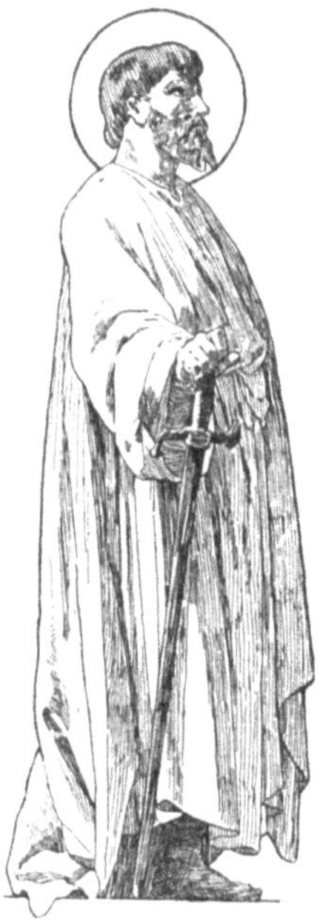

Fig. 1052.

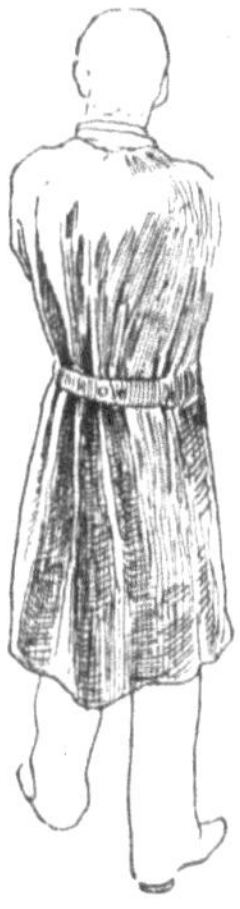

Fig. 1053.

Zu beachten ist zunächst die Eigenart der verschiedenen Gewandstoffe: Wolle (Fig. 1049) fällt schwer in einfachen, weichen Falten; Leinen (Fig. 1050) zeigt reichere und härtere Falten; Seide (Fig. 1051) bewegt sich in starren, knittrigen Falten und läßt durch den hohen Glanz ihrer Lichter an der Oberfläche den Gegensatz zwischen Licht und Schatten scharf hervortreten.

Unsere größten Maler: Dürer, Holbein, Raffael usw. haben ihre Figuren in das Kostüm ihrer Zeit gekleidet und dadurch eine verständlichere Sprache zu ihren Zeitgenossen geredet als durch getreue Wiedergabe der historischen, beispielsweise der alttestamentlichen Trachten.

Bei einer Idealfigur (Fig. 1052) hat natürlich auch ein Idealkostüm seine volle Berechtigung.

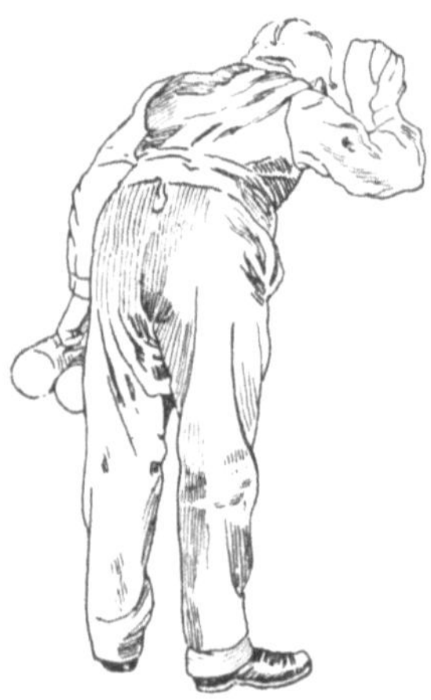
Fig. 1054.

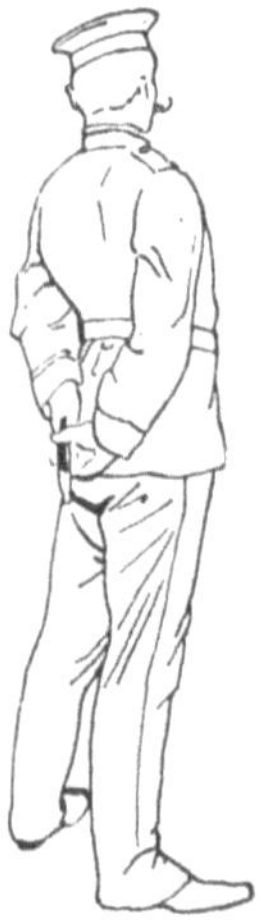
Fig. 1055.

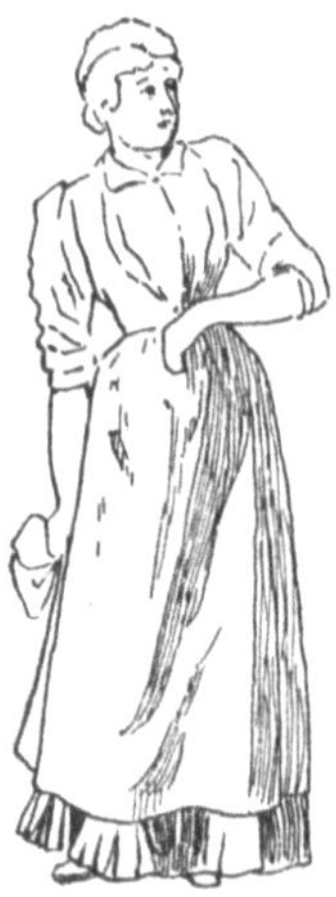
Fig. 1056.

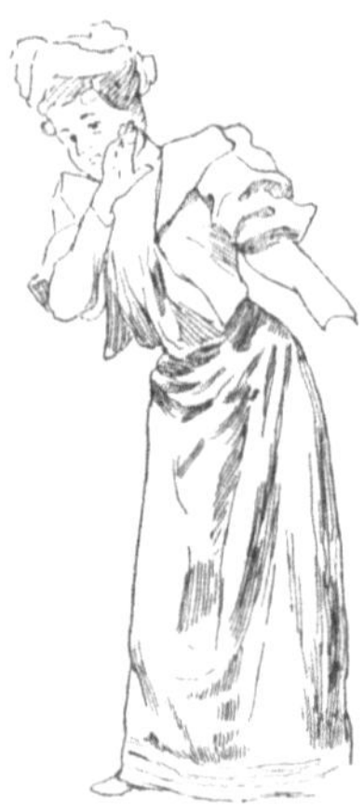
Fig. 1057.

Wird das Gewand an irgend einer Stelle zusammengerafft (Fig. 1053), so bilden sich dort bestimmte kleinere Falten, die bei größerer Entfernung von der Stelle wieder in die ursprüngliche Glätte des Stoffs verlaufen.

Bei der Bewegung des Körpers (beim Gehen, Beugen) schmiegt sich die Kleidung glatter an die vortretenden Körperteile (Ellbogen, Knie). An den Knickungsstellen (Ellenbeuge, Kniekehle, Fußgelenk usw.) bilden sich kleinere Falten, die durch die häufigere Wiederholung, selbst bei aufrechter unbewegter Körperhaltung, an der Kleidung mehr oder weniger verbleiben (bei vielgetragener Kleidung Fältchen am Ärmel, herausgebogene Knie usw.).

Nach der Richtung der Spannung zieht sich das übrige Gewand in Falten (Fig. 1038 b und c und 1054—1057).

Das Zeichnen der menschlichen Figur.

Das Zeichnen der menschlichen Figur sollte stets nach dem lebenden Modell vorgenommen werden.

Wenn das Zeichnen nach dem Nackten („Akt") vielfach mit mancherlei Schwierigkeiten verbunden ist, so wird doch in den meisten Fällen das Studium an der bekleideten Figur, das von einer Reihe von Schülern zugleich und von verschiedenen Standpunkten aus vorgenommen werden kann, möglich sein.

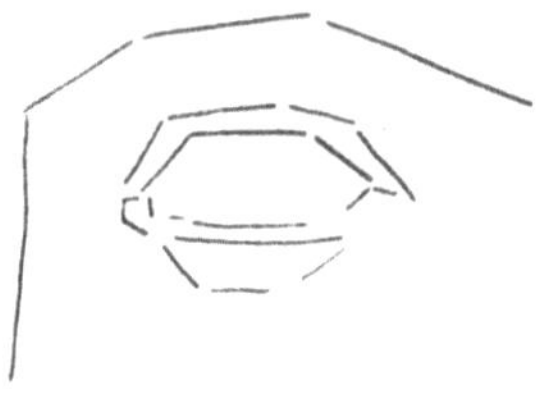

Fig. 1058.

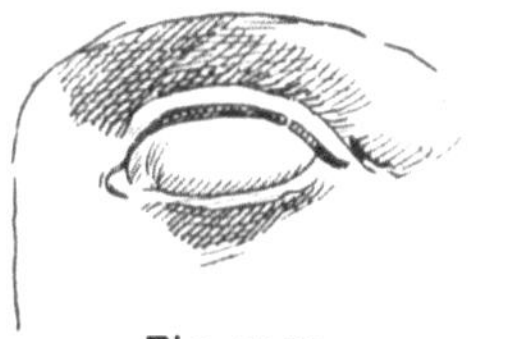

Fig. 1059.

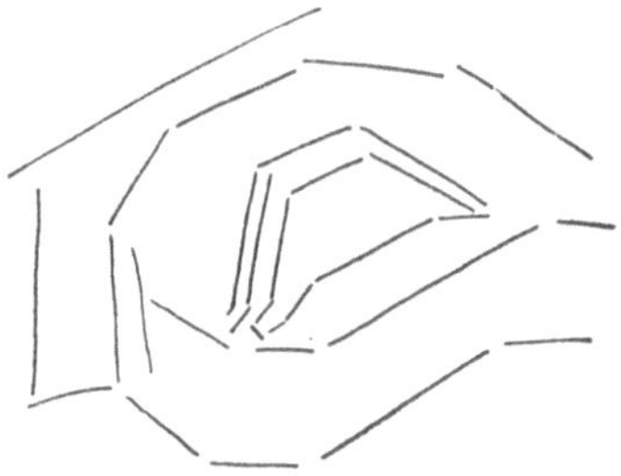

Fig. 1060.

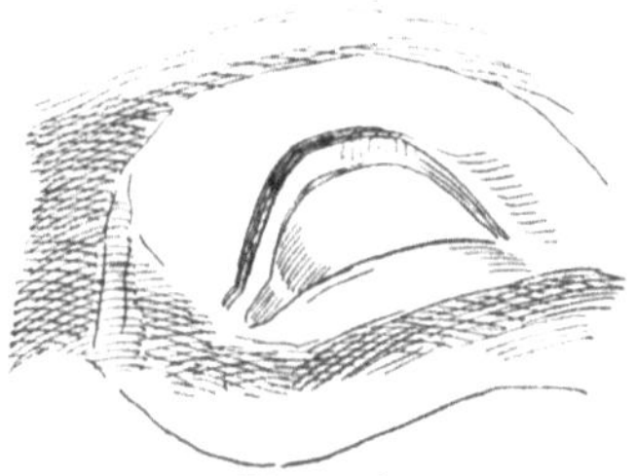

Fig. 1061.

Das Zeichnen nach der eigenen Figur im Spiegel (Selbstporträt) ist eine außerordentlich gute Übung (von Rembrandt ausgeübt). Jedenfalls unterlasse man es nicht, wenn kein weiteres Modell zur Hand ist, am eigenen Spiegelbild sich über eine zu zeichnende Stellung oder Bewegung klar zu werden.

Zu achten ist dabei auf die „Natürlichkeit" der Stellung. Jede künstliche „Pose" wirkt unnatürlich.

Ein Notbehelf zum Studium der menschlichen Formen ist das Zeichnen nach Gipsabgüssen. Die meisten Schulen müssen vorläufig noch damit rechnen: 1. wegen der mit dem Aktzeichnen verbundenen Schwierigkeiten, 2. weil vielfach noch die Meinung verbreitet ist, der

Schüler, der überhaupt erst zeichnen lernen soll, müsse dies am stillhaltenden Gipsmodell tun. Es ist nicht zu leugnen: für die Geschmacksbildung sind die antiken Gipsabgüsse und die Naturabgüsse gut geeignet. Jeder Künstler wird in seinem Atelier dergleichen Formen aufbewahren, aber weniger zum Kopieren als zur beständigen Vergleichung.

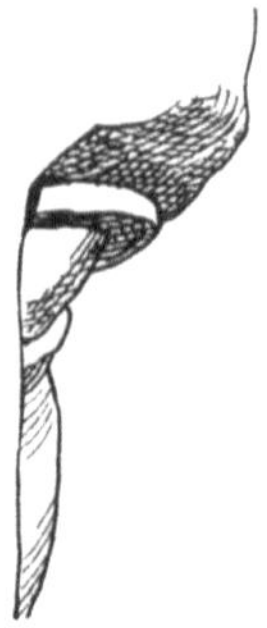

Fig. 1062.

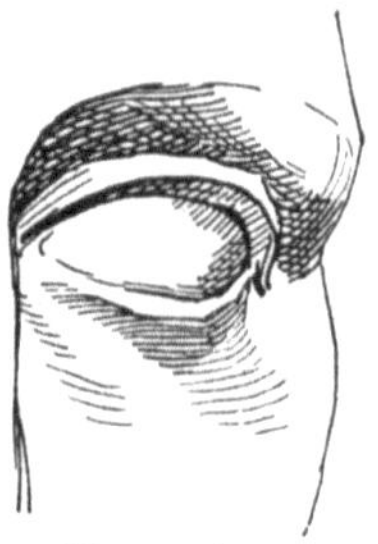

Fig. 1063.

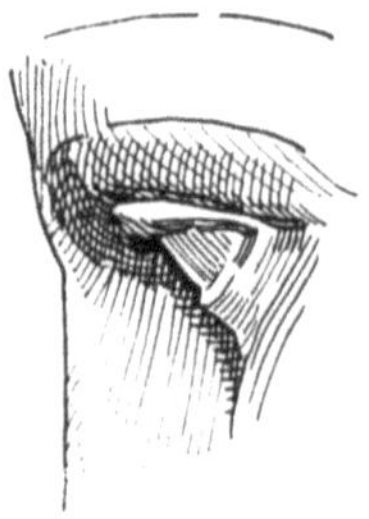

Fig. 1064.

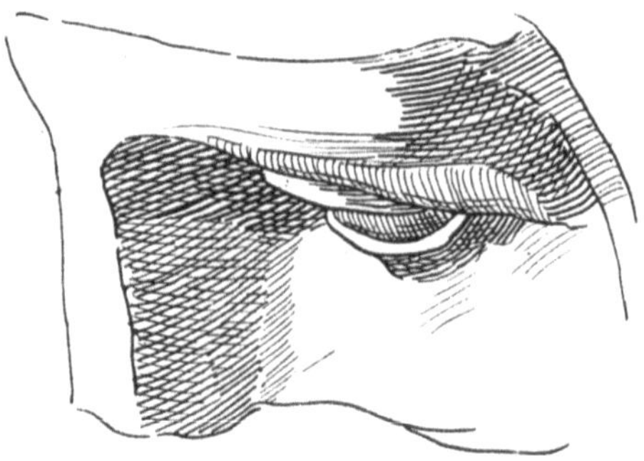

Fig. 1065.

Beim Zeichnen der einzelnen Teile (im Gipsabguß): Ohr, Auge, Mund und Nase, Kopf, Hand, Fuß, Arm usw. in verschiedenen Ansichten (Vorderansicht, Profil, Draufsicht, Untersicht, Verkürzung [vgl. Fig. 1058—1065]), bietet sich dem Lehrer die Gelegenheit, auf die anatomische Bedeutung der einzelnen Teile und auf die hauptsächlichsten Proportionen eines wohlgeformten Körpers hinzuweisen. Durch gleichzeitiges Vergleichen am eigenen Körper wird die Anschauung lebendig. Es wird sich das Gesehene dem Gedächtnis besser einprägen, und gleichzeitig wird der Schüler vor einem Schematisieren bewahrt bleiben.

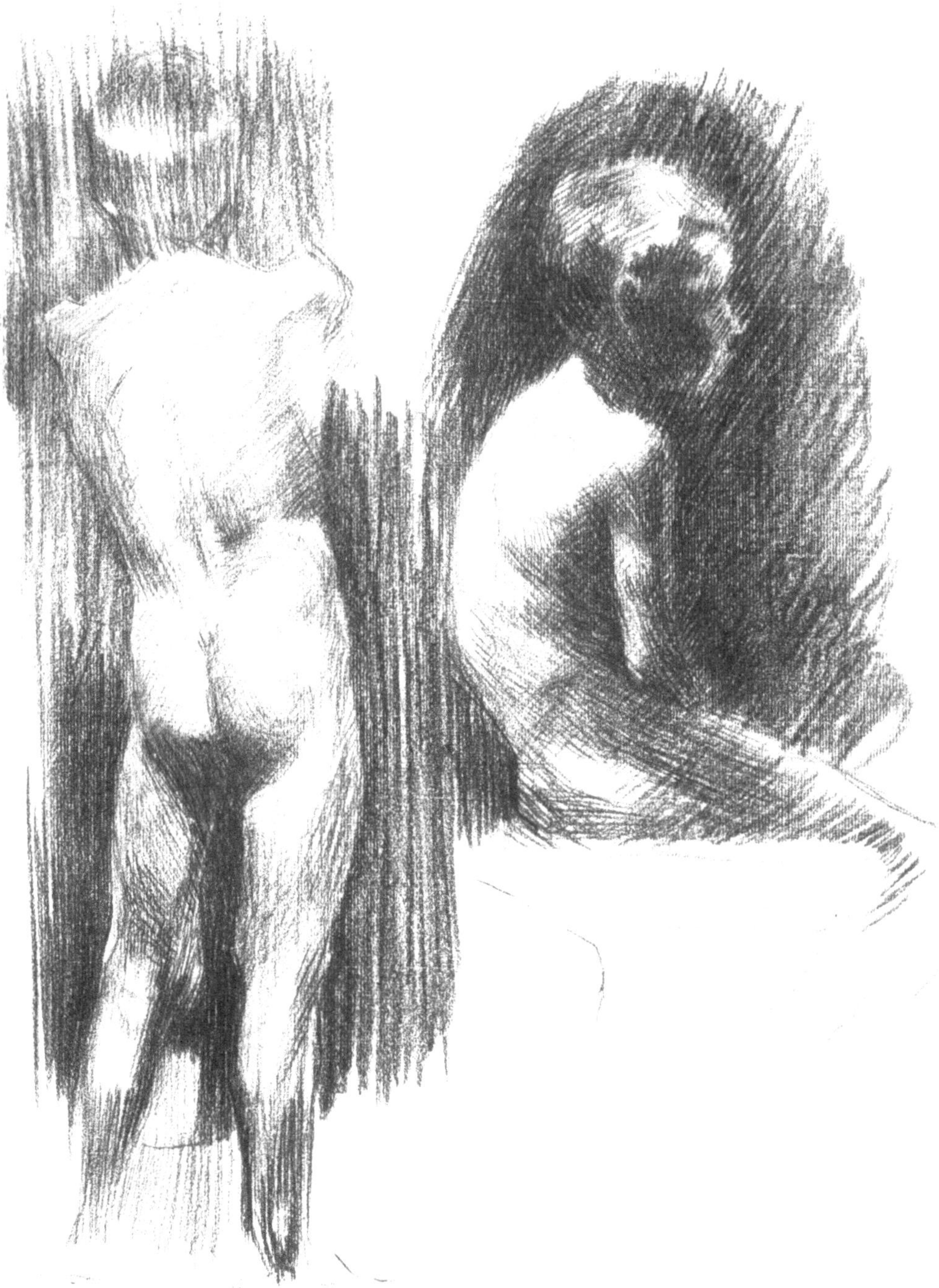

A. Siebelist: Knaben.

Beim „Anlegen" der Zeichnung in Kontur ist vor allem auf ein richtiges Erfassen der Hauptrichtung oder Hauptbewegung und der Hauptverhältnisse zu achten. Hilfslinien (senkrechte und wagerechte) sind zu benutzen (vgl. Fig. 977). Beim Zeichnen größerer Verhältnisse empfiehlt sich die Benutzung der Kohle (der Finger mag gleichzeitig als Pinsel und Radiergummi gebraucht werden).

Zur charakteristischen Betonung der Hauptrichtungslinien wird man anfangs lieber scharf und eckig zeichnen und die leichten Bewegungen innerhalb der Hauptrichtung übersehen (vgl. Fig. 1058 und 1060).

Bei scharfer Beleuchtung (Lampenlicht), wo große Licht- und Schattenpartien die plastische Erscheinung des Modells hervortreten lassen, empfiehlt es sich, das Finden des Konturs (als das Schwierigere) durch gleichzeitiges breites Anlegen der Hauptschattenmassen zu erleichtern. Betrachte dabei das Modell mit zusammengekniffenen Augen! Dadurch wird die Haupterscheinung (der Umriß, die Silhouette) in ihren Grundverhältnissen am besten erfaßt. Nebensächlichkeiten, wie leichtes Abweichen vom Hauptkontur, Reflexe in den Schattenmassen, werden verschleiert, die großen Licht- und Schattenpartien treten klar in die Erscheinung. Bei demselben Verfahren erscheint das körperhafte Modell wie auf einer Fläche gemalt und umgekehrt das gemalte als körperhaft (vgl. Tafel L und LII).

Wenn nun auch das Gipszeichnen zum klareren Erfassen der allgemeinen Verhältnisse wohl geeignet ist, so ist es doch widersinnig, wenn man dadurch nach dem Leben zeichnen lernen will; denn die plastische Wirkung des Gipsmodells ist, mit dem lebenden Modell verglichen, hart und unnatürlich. Das Durchsichtige, Weiche, kurz das „Leben" ist an dem kalten, farblosen Gipskopf nicht zu finden (vgl. dagegen den modern gezeichneten Akt Tafel LII und LIII). Wer lediglich am Gipsmodell seine figürlichen Studien gemacht hat, der wird niemals imstande sein, das frische Leben zu zeichnen.

Ein weiteres Hilfsmittel zum Studium ist ein eingehendes Betrachten graphischer Vorbilder. Selbstverständlich können nur Kunstwerke dafür in Betracht kommen, deren richtige Auswahl am besten unter sachkundiger Leitung zu geschehen hat. Größten Nutzen bringt die eingehende Besprechung eines Kunstwerks (z. B. des Abendmahls von Leonardo da Vinci oder des Totentanzes von Holbein) für den Schüler, der sehen und denken lernen soll (s. Lichtwark: Übung in der Betrachtung von Kunstwerken).

Ein Kopieren eignet sich jedoch mehr für das reifere Alter, wo schon ein gewisses Können und ein Urteil da ist.

Rügen möchte ich bei dieser Gelegenheit die Schwärmerei für das Süßliche. Schönheit und wohlproportionierte Verhältnisse sind keineswegs nach Zahlen abzuschätzen, sondern sind immer das Resultat eines organischen folgerichtigen Zusammenwirkens aller Teile zu einem einheitlichen Gesamtbild.

Ein liebliches Gesicht verbürgt noch lange nicht ein Kunstwerk, und wo solche Bilder, von Geldspekulanten auf die sentimentale oder sinnliche Gefühlsschwärmerei des Publikums berechnet, auf den Markt gebracht werden, da werden sie zum Ekel.

Beim Zeichnen nach dem Leben sei noch darauf hingewiesen, daß jede noch so leichte Haltung des Modells nur im anfänglichen Stadium dieselbe ist. Bereits nach kurzer Zeit tritt eine naturgemäße Erschlaffung des Modells ein, die den ursprünglichen Eindruck oft ganz und gar verändert. Der Schüler wird dies bald selbst herausfinden. Er suche nur sobald als möglich die frische, natürliche Stellung in wenigen großen Strichen mit dem Stift festzuhalten.

Dem Anfänger sind deswegen Skizzierübungen (ohne Benutzung von Radiergummi) anzuraten, die nur den Zweck haben, Verhältnisse und Bewegung zu fixieren. Jeder leicht-tastende Strich soll stehen bleiben, durch allmähliches Verstärken der Mittellage suche man das Richtige zu treffen. Daß gerade die stehengebliebenen Fehllinien oft von großem Nutzen sein können, lehrt die Praxis zur Genüge (vgl. Fig. 1066, Rohrfederzeichnung von Raffael).

Wird der Zeichner im Laufe des Skizzierens gewahr, daß er im Erfassen des Verhältnisses oder der Bewegung Fehler gemacht hat, so wird er die angefangene Arbeit nicht fortsetzen, sondern dieselbe Figur von neuem in Angriff nehmen.

Die Zeit, die einem ernsten Naturstudium gewidmet wird, ist auf jeden Fall nutzbringend angelegt, und was der Zeichner durch fleißiges Beobachten der Natur abgelauscht hat, wird er stets verwerten können.

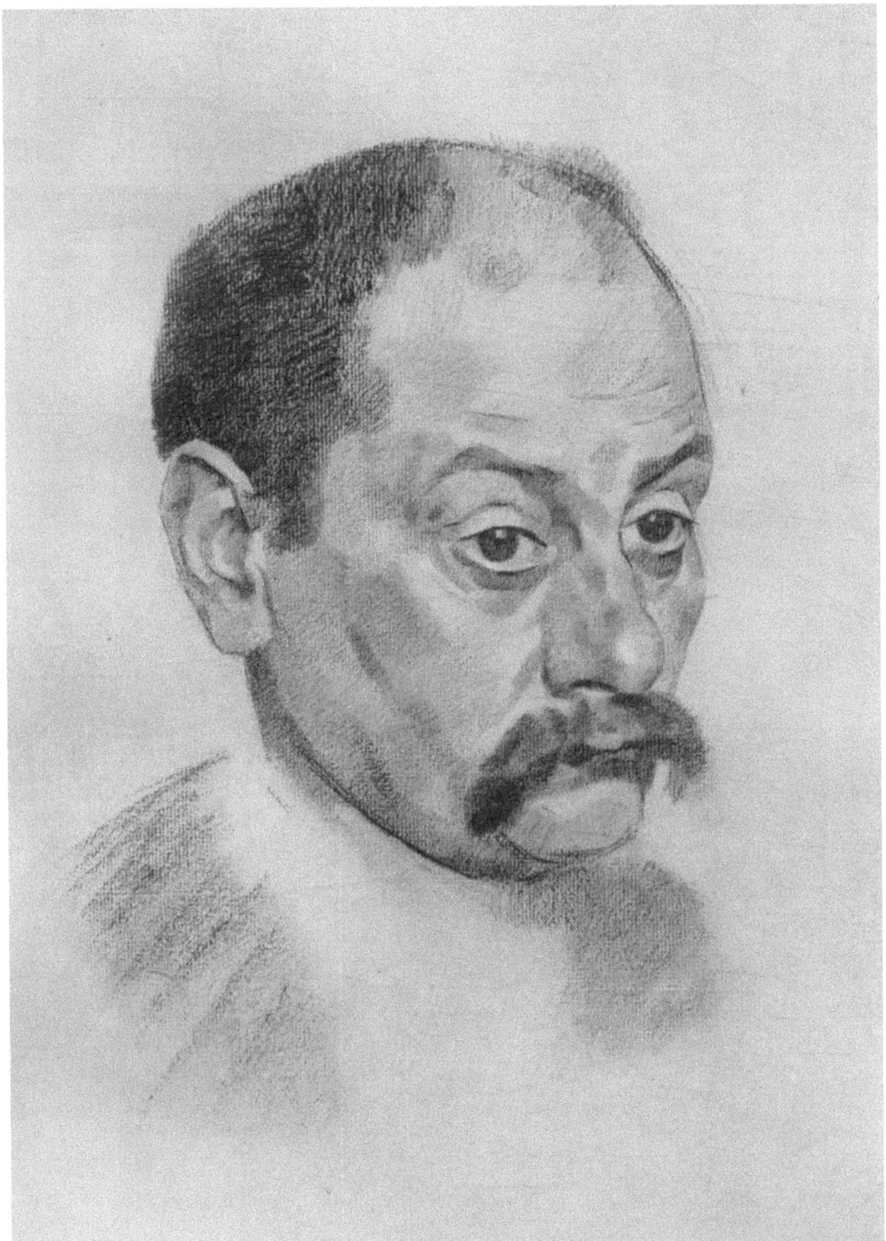

C. Dehmann: Studie.

Kolibri 360 GmbH
Ferdinand-Jühlke-Straße 7
99095 Erfurt, Deutschland
produktsicherheit@kolibri360.de